城与屋：共生·院——祠堂街历史街区更新及重点建筑改造　成都理工大学　"魏莱 吴丰余 王小漩 姜力"　马英、晁军

叶学院　赖宣彤　姫琳　　　　　　　　　　　　　　　　桂林瓦窑老电厂景观改造设计　广西师范大学　潘小威　方晓风

老旧居民区中废弃地再利用　四川美术学院　"谭斐月 张可人"　廖启鹏　　　　质-璞（蔡甸区军山街规划改造设计）　湖北美术学院　叶林娜 周齐 谭璐 李焕安 王伟超　"韩巍 姚翔翔"

龙国跃　　　哈尔滨工业大学建筑学院　伏祥　马辉 刘杰
　　　　　　　　　　　　　　银　都市漫行——南京新街口区域空中绿道景观设计　南京艺术学院　"黄姗 吴燃婉 唐晓雅"　陶郅 陈子坚 陈煜彬

业大学建筑学院　韩思宇　马辉,刘杰　　　　　　　　　　　　　　　　　　　铜　迹忆空间：定兴古城环城景观带规划及一期概念设计

铜　古意·新风——基于中华文化场所营造感孔子学院环境设计　浙江工业大学艺术学院 马滕腾　"吕勤智 黄焱"

范大学美术学院　石砚侨 关诗翔 那航硕 卢影　　刘艾鑫　　　　　　铜　融合　哈尔滨工业大学建筑学院　贾思修　金晶

张倩　　　银　空间植入——丽江古城民居改造设计　清华大学美术学院　袁伟权　陶郅 陈子坚 陈煜彬

张心　　　　　　"城·插·绿"——论武汉市雨水收集与利用　西安建筑科技大学　张灿 罗斐文 曾诗情　李莺 周聪惠　　　　金　大理双鹭"如此银作"工坊

陈煜彬　　　铜　三元并立，和而不同——天津市近现代历史博物馆及其周边景观规划设计　吉林建筑大学　"曾浩恒" 张瑞 齐伟民 马辉 高月秋

古城东北片区城市设计建筑设计——旧隔方兴 重庆大学 高长军　张希晨　　　银　架构 覆盖——云南大理古城北水库区域城市更新及建筑设计　东南大学 李哲健 王珂

金　时代视角下的上海近代石库门里弄公馆的改造设计　同济大学 严康妮　朱渊　　　银　质-璞（蔡甸区军山街规划改造设计）　湖北美术学院　叶林娜 周齐 谭璐 李焕

2115：机器未来的愿景与旧时光的缅怀　同济大学　史纪　　朱雷　　　银　空间植入——丽江古城民居改造设计　清华大学

银　架构 覆盖——云南大理古城北水库区域城市更新及建筑设计　东南大学 李哲健　王珂
慕尼黑中德文化交流中心及国际留学生公寓　同济大学　黄艺杰　郭安筑

　　　　银　空间植入——丽江古城民居改造设计　清华大学美术学院

银　木构搭建——非编织网探索　南京艺术学院　"王勋 王成浩 陈实 杜春海 李

墓葬模式转化与骨灰存放建筑研究——骨灰纪念堂设计　东南大学　顾兰雨　李麒学　　　　空间设计——丽江古城客栈改造设计　清华大学美术学院

派潭大埔村灾后重建项目——"农意浓情 实业初心　华南理工大学　麦家杰　夏兵

铜　感官体验与空间设计——丽江古城客栈改造设计　清华大学美术　　　city—热力学城市模型　同济大学　夏孔深　"严建伟 边小庆 陈

Flow city—热力学城市模型　同济大学　夏孔深　"严建伟 边小庆 陈书砚 卢紫茵"
李莺 周聪惠

铜　城与屋·共生·院——祠堂街历史街区更新及重点建筑改造　成都理工大学　"魏莱 吴丰余 王小漩 姜力"　马英、晁军

建构　重庆大学　肖威 郑苍民 何思琪　龙瀍 褚冬竹　　　　　　铜　城与屋·共生·院——祠堂街历史街区更新及重点建筑改造　成都理工大学　"魏莱 吴丰余 王小漩 姜力"　马
山涧书屋——景洪留守儿童小学设计　江南大学设计学院　袁绘然　"杨一丁 何志森"　　　　　　铜　山涧书屋——景洪留守儿童小学设计　江

寻找·重塑·意城南　清华大学建筑学院　张璐 李玫蓉 肖景馨 谢梦雅 杨心慧 杨绿野 司徒颖靡 吴明柏 叶亚乐 叶一峰 崔健 童林　　吴唯佳、黄鹤、孙诗萌

城市飞驰——城市流动人口中心建筑及景观设计　东北大学艺术学院　周兵　　鲍春　　　　金　寻找·重塑·意城南　清华大学建筑学院　张璐 李玫蓉 肖景馨 谢梦雅 杨心

铜　祠堂街老建筑再利用改造　成都理工大学　戴典 张杰宸 刘洋 丁雪杨 石盱晨 焦颖慧 李欢　　　银　城市飞驰——城市流动人口中心建筑及景观设计

铜　三元并立，和而不同——天津市近现代历史博物馆及其周边景观规划设计　吉林建筑大学　"曾浩恒" 张瑞 齐伟民 马辉 高月秋　　铜　祠堂街老建筑再利用改造

铜　云南大理古城东北片区城市设计——居住于边缘　重庆大学　"高长军 宋璐 游航"　龙瀍　　　铜　三元并立，和而不同——天津市近现代历史博物馆及其周边景观规划设

铜　长影旧址博物馆——当代艺术馆室内设计　吉林建筑大学　姚国佩 李硕 朱馨佳 刘硕　"齐伟民 马辉"

铜　陇南民俗博物馆方案设计　昆明理工大学　"王梓颖 沈静密 周冉" 胡维平　　　　　　古仓艺术图书馆　仲恺农业工程学院　李炯连

勤智 黄焱"　　　　　　　　　　　　　　　　　　　　　　　　　　　　　　　　银　慕尼黑中德文化交流中心及国际留学
铜　太古仓艺术图书馆　仲恺农业工程学院　李炯连　袁铭栏

铜　寻忆·生土精神——喀什博物馆展示设计　南京艺术学院　"李烨敏 武栓栓"　"卫东风 施煜庭"
　　　　　　　　　　　　　　　　　　　　　　　　　　　　　　铜　长影旧址博物馆——当代艺术馆室内设计　吉林建

高校教学空间中的"交互"设计　昆明理工大学　"周冉 王梓颖 范平"　朱海昆　　　银　空间植入——丽江古城民居改造设计　清华大学美术学院　袁伟权　陶郅 陈子坚 陈煜彬
铜　翰墨　江南大学设计学院　刘洁蓉　杨茂川

贾思修　金晶　　　　　　　　　　　　　　　　　　　　　　　金　云南大理古城东北片区城市设计建筑设计——旧隔方兴 重庆大学　高长

铜　水文化　深圳大学　赖婉仪　刘谦　　　　　　　　　　　金　野长城的有机生长于脉络延续　西安建筑科技大学　陈虎 张茜 刘晨晨
黄红春

"缝·插·绿"——论武汉市雨水收集与利用　西安建筑科技大学　张灿 罗斐文 曾诗情　李莺 周聪惠

案设计 郑州轻工业学院　"席希阳 刘佳木子 冯敏 曹玮"　金晶　　　　　金　寻找·重塑·意城南　清华大学建筑学院　张璐 李玫蓉 肖景馨 谢梦雅 杨心慧

　　　　　　银　花椒树下的思念　西安建筑科技大学　余全红 钱骏祥 张茜 史雯嫣 栗笑寒 张巍平　　都市漫行——南京新街口区域空中绿道景观设计　南京艺术学院

萧　王葆华

琳　马辉,刘杰　　　　　三元并立，和而不同——天津市近现代历史博物馆及其周边景观规划设计　吉林建筑大学　"曾浩恒" 张瑞 齐伟民 马辉 高月秋
电厂景观改造设计　广西师范大学　潘小威　方晓风　　　　　　　　　　　　　　　　　　铜　昆山老城区街道景观空间序列优化与更新设计　东南大学

铜　三代人共同的家　东北师范大学美术学院　石砚侨 关诗翔 那航硕 卢影　　刘艾鑫　　　银　广州石围塘火车站遗址公园景观再生设计方案 广东工业大学　"何奇隆 司

设计　昆明理工大学　江海萍　朱海昆　　　　　　　　　　银　以石入画——天津市蓟县渔阳镇西井峪村景观设计　天津大学建筑学院　董小雨　"韩阳 姚翔翔"

叶一峰 崔健 童林　　吴唯佳、黄鹤、孙诗萌

　　　　　　　　　　银　归耕，归耕——重庆肖家沟老旧居民区中废弃地再利用　四川美术学院　"谭斐月 张可人"　廖启鹏

叶林娜 周齐 谭璐 李焕安 王伟超 王广　"韩巍 姚翔翔"

铜　　三元并立，和而不同——天津市近现代历史博物馆及其周边景观规划设计　　吉林建筑大学　　曾浩恒　张瑞　齐伟民

金　　云南大理古城东北片区城市设计建筑设计——旧瞩方兴　重庆大学　高长军　张希晨

金　　时代视角下的上海近代石库门里弄公馆的改造设计　　同济大学　严谦妮　　朱渊

银　　世界2115：机器未来的愿景与旧时光的缅怀　同济大学　史纪　　朱雷

银　　架构 覆盖——云南大理古城北水库区区域城市更新及建筑设计　东南大学　李哲健　王珂

银　　慕尼黑中德文化交流中心及国际留学生公寓　同济大学　黄艺杰　邬安筑

银　　空间植入——丽江古城民居改造设计　　清华大学美术学院　　袁伟权　　陶邾 陈子坚 陈煜彬

的家　东北师范大学美术学院　石砚侨 关诗翔 那航硕 卢影　刘艾鑫

银　　木构搭建——非编织网探索　　南京艺术学院　　"王勋 王成浩 陈实 杜春海 李旭 李路路 宋艳岚 刘旭琦 阮迪莎"

铜　　派潭大埔村灾后重建项目——"农意浓情 实业初心"　华南理工大学　　麦家杰　　夏兵

铜　　Flow city 一热力学城市模型　　同济大学　夏孔深　"严建伟 边小庆 陈书砚 卢紫荫"

计——丽江古城客栈改造设计　　清华大学美术学院　　罗震云　　龙灏

金　　野长城的有机生长于脉络延续　　西安建筑科技大学　　陈虎 张茜 刘晨晨

铜　　Flow city 一热力学城市模型　同济大学　夏孔深　"严建伟 边小庆 陈书砚 卢紫荫"

金　　大理双鹭"如此银作"工坊室内设计　　昆明理工大学　　江海萍　朱海昆

银　　花椒树下的思念　　西安建筑科技大学　　余全红 钱骏祥 张茜 史雯斓 栗笑来

银　　旧城小事—重庆旧街区(二府衙)恢复与再生　四川美术学院　　"李尤尤 丁

江南大学设计学院　袁绘然　"杨一丁 何志森"

银　　质-璞（蔡甸区军山街规划改造设计）　　湖北美术学院　　叶林娜 周齐 谭璐 李焕安 王伟超 王广　"韩巍 姚

张璐 李玫蓉 肖颖馨 谢梦雅 杨心慧 杨绿野 司徒颖蕙 吴明柏 叶亚乐 叶一峰 崔健 童林　　吴唯佳、黄鹤、孙诗萌

银　　以石入画——天津市蓟县渔阳镇西井峪村景观设计　　天津

观设计　东北大学艺术学院　周兵　鲍春　　　银　　归耕, 归耕--重庆肖家沟老旧居民区中废弃地再利用　四川美术学院　"谭斐月 张可人"　廖启鹏

用改造　成都理工大学　"戴典 张杰宸 刘洋 丁雪杨 石胖晨" 焦颖慧 李欢　　铜　　再生水之脉络--南京易涝区域水存储景观设计 南京艺术学院　"柳灵倩 张文洁"　郝卫国

铜　　再生水之脉络--南京易涝区域水存储景观设计　南京艺术

现代历史博物馆及其周边景观规划设计　　吉林建筑大学　　"曾浩恒　张瑞"齐伟民　马辉 高月秋　　铜　　融合　哈尔滨工业大学建筑学院　　贾思修　　金晶

铜　　水文化　深圳大学　赖婉

再利用改造　成都理工大学　"戴典 张杰宸 刘洋 丁雪杨 石胖晨" 焦颖慧 李欢　　昆山老城区街道景观空间序列优化与更新设计 东南大学　丁宇飞　　黄红春

铜　　Freebox—郑州德化步行街景观提升方案设计　郑州轻工业学院　"席希阳 刘佳木子 冯

不同——天津市近现代历史博物馆及其周边景观规划设计　　吉林建筑大学　　"曾浩恒　张瑞"齐伟民 马辉 高月秋　　铜　　可持续屋顶环境设计　哈尔滨工业大学建筑学院

大理古城东北片区城市设计——居住于边缘　　重庆大学　"高长军 宋璐 游航"　龙灏　　铜　　迹忆空间：定兴古城环城景观带规划及一期概念设计　北京林业大学

铜　　桂林瓦窑老电厂景观改造设计　　广西师范大学

长影旧址博物馆——当代艺术馆室内设计　吉林建筑大学　姚国佩 李硕 朱陶佳 刘硕　"齐伟民 马辉"　金　　"我行我素"自助体验餐厅　江南大学设计学院　赖宣彤　姬姝

铜　　陇南民俗博物馆方案设计　　昆明理工大学　　"王梓颖 沈静密 周冉"　胡维平　　金　　大理双鹭"如此银作"工坊室内设计　　昆明

土精神——喀什博物馆展示设计　　南京艺术学院　　"李烨敏 武栓栓"　"卫东风 施煜庭"

银　　小时代一青年专属微居室　　四川美术学院　　"马旭 张芸燕"　　龙国跃

铜　　翰墨　江南大学设计学院　刘洁蓉　杨茂川

铜　　太古仓艺术图书馆　仲恺农业工程学院　李炯连　袁铭栏

铜　　集装箱再利用——青年"互动式"空间设计　　四川美术学院　　张懿　　张倩

高校教学空间中的"交互"设计　昆明理工大学　"周冉 王梓颖 范平"　朱海昆

铜　　山涧书屋——景洪留守儿童小学设计　　江南大学设计学院　　袁绘然　"杨一丁 何志森"

金　　寻找·重塑·意城南　清华大学建筑学院　　张璐 李玫蓉 肖颖馨 谢梦雅 杨心慧 杨绿野 司徒颖蕙 吴明柏 叶亚乐 叶一峰 崔健 童林　　吴唯佳、黄鹤、孙诗萌

铜　　祠堂街老建筑再利用改造　成都理工大学　　"戴典 张杰宸 刘洋 丁雪杨 石胖晨" 焦颖慧 李欢

铜　　三元并立, 和而不同——天津市近现代历史博物馆及其周边景观规划设计　　吉林建筑大学　　"曾浩恒　张瑞"齐伟民 马辉 高月秋

铜　　云南大理古城东北片区城市设计——居住于边缘　　重庆大学　"高长军 宋璐 游航"　龙灏

铜　　长影旧址博物馆——当代艺术馆室内设计　吉林建筑大学　姚国佩 李硕 朱陶佳 刘硕　"齐伟民 马辉"

铜　　陇南民俗博物馆方案设计　昆明理工大学　"王梓颖 沈静密 周冉" 胡维平

铜　　寻忆·生土精神——喀什博物馆展示设计　南京艺术学院　"李烨敏 武栓栓"　"卫东风 施煜庭"

铜　　太古仓艺术图书馆　仲恺农业工程学院　李炯连　袁铭栏

铜　　高校教学空间中的"交互"设计　昆明理工大学　江南大学设计学院 刘洁蓉 杨茂川

银　　架构 覆盖——云南大理古城北水库区区域城市更新及建筑设计　　东南大学　李哲

2015 | 中国人居环境设计教育年会暨学年奖

文集

主编

郑曙旸 方晓风

中国水利水电出版社
www.waterpub.com.cn

·北京·

内容提要

中国人居环境设计教育年会暨学年奖是清华大学与教育部高等学校设计学类专业教学指导委员会联合举办的人居环境设计（囊括环境设计、建筑设计、城市规划设计、室内设计）领域的教学年会，本书收录了2015年教育年会特邀嘉宾主题发言，以及学年奖参会高校教师人居环境设计领域的专业论文和专业教学论文。

本书可供高等院校环境设计、建筑设计、城市规划设计、室内设计等相关专业的师生参考使用。

图书在版编目（CIP）数据

2015中国人居环境设计教育年会暨学年奖文集 / 郑曙旸，方晓风主编. -- 北京：中国水利水电出版社，2016.11
  ISBN 978-7-5170-4884-8

Ⅰ.①2… Ⅱ.①郑… ②方… Ⅲ.①居住环境 – 环境设计 – 中国 – 学术会议 – 文集 Ⅳ.①TU-856

中国版本图书馆CIP数据核字(2016)第265466号

书　　名	2015 中国人居环境设计教育年会暨学年奖文集 2015 ZHONGGUO RENJU HUANJING SHEJI JIAOYU NIANHUI JI XUENIANJIANG WENJI
作　　者	郑曙旸　方晓风　主编
出版发行	中国水利水电出版社 （北京市海淀区玉渊潭南路1号D座 100038） 网址：www.waterpub.com.cn E-mail: sales@waterpub.com.cn 电话：(010) 68367658（销售中心）
经　　售	北京科水图书馆销售中心（零售） 电话：(010) 88383994、63202643、68545874 全国各地新华书店和相关出版物销售网点
排　　版	北京时代澄宇科技有限公司
印　　刷	北京印匠彩色印刷有限公司
规　　格	250 mm×260 mm　12 开本　8.5 印张　223 千字
版　　次	2016年11月第 1 版　2016年11月第 1 次印刷
定　　价	**50.00 元**

前言

把举办了十几年的"中国环艺学年奖"改组为"中国人居环境设计教育年会暨学年奖",不仅是名称中个别字词的变更,更重要的是观念的转变和更为长远的思虑。改组前的奖项评选活动,得到了全国众多院校的支持,已形成了品牌和规模效应,成为环艺学科一项重要的赛事,产生了积极的影响。但是,学科发展的下一步如何才能走得更好,是许多专家,包括活动的组织者、学年奖评委会主席郑曙旸老师所关注的问题。

环境艺术设计这一学科由室内设计演变而来,近年来,由于艺术学升级为门类,这一学科也随之升级为设计学之下的二级学科。同时,在环艺名下的实践活动,包括教学内容,也日渐扩大范围。这一方面显示了学科发展的生命力和社会需求,另一方面也造成了教学过程中的模糊和精力涣散,带来了一定程度的困扰。表现在赛事活动中,则是学年奖所设的类别越来越多,既有建筑设计,也有规划和城市设计。那么,评审的质量如何保证?学科的边界如何界定?在教学中如何制定有效的教学方案,规划教学进程?

正是带着这样的问题,清华大学美术学院与建筑学院联手改组原学年奖活动,由清华大学和教育部高等学校设计学类专业教学指导委员会作为主办单位,住房和城乡建设部高等学校土建学科教学指导委员会所属建筑学专业指导委员会、城市规划专业指导委员会、风景园林专业指导委员会等机构为协办单位,构建更为强大的评委阵容,为评审质量提供了有力保障。为使活动可持续地进行,在主办单位、协办单位的组织下,组建中国人居环境设计学年奖暨教育年会的组织委员会,并通过了组委会活动章程。以院校教师为主的组委会构成,也保证了相关教学研讨和交流的开展,为学科发展提供了强有力的支撑。

经过一年的努力,第一届中国人居环境设计学年奖的评选活动顺利完成,教育年会也取得圆满成功。为使各位专家对于环境意识的思考以及获奖作品的优秀成果,能够有更好的传播,我们特编撰了《中国人居环境设计教育年会暨学年奖文集》和《中国人居环境设计学年奖获奖作品集》二书,也为这项活动留下一份见证。由于作品集的材料来自选手提交的图像文件,有些文字的呈现限于图幅就有些模糊了,这是要向读者致歉的地方。我们将在下一届的活动中,预为知会,请选手提供更有利于出版的材料。

人类的营造活动随着历史的发展,呈现出两个看似矛盾的趋势,一方面是分工越来越细,专业分化走向精微;另一方面又对设计师的宏观视野提出了更高的要求。中国有句古话:尽精微,致广大。既是对设计境界的描述,也可理解为对上述趋势的反映。人居环境理论的提出正是建立在学科分化的现实基础上,力图以走向整合的环境意识来克服由于分化带来的专业隔阂,以构建更为健康的人居环境审美体系。学年奖的改组无疑为实现这一学术理想又向前迈出了坚实的一步。交流需要平台,也要有良好的机制和规范,经过改组的学年奖将为中国的人居环境设计教育提供更大的助力,让我们在这个新的平台上更好地推进学科发展。

中国人居环境设计教育年会暨学年奖组委会副主任、秘书长
方晓风

目录

年会主题发言实录

城市设计——为人居环境创造价值 边兰春

图1　　　　　　　　图2　　　　　　　　图3　　　　　　　　图4

　　20世纪进入快速城市化的时代，有一组数据让我们产生了一些感受。1900年，2.2亿人居住在城市，只占总人口的13%；当时最大的城市伦敦只有650万人；当时在全球范围内，100万人口的城市只有8座。经过100年，到2000年时，超过100万人口的城市已达到300多个，其中有40多个城市的人口达到了1500万，还有超过2000万人口的城市，例如北京。如今，全世界一半以上的人口居住在城市。城市化进程对城市的发展而言，是一个非常艰巨的挑战。

　　在这个过程中，我们也在思考城市的形成和城市的发展过程。图1是历史小城——中国的丽江，我们可以看到它在形成过程中，既有当地的人文思想在城市中的影响，也有自下而上逐渐演变成长过程中所呈现出来的城市形态的优美、自然的景象。图2是美国首都华盛顿。我们在做国家首都规划时，经常把华盛顿当成一个非常重要的案例。这是华盛顿的中心区，经过严整的规划，也体现了美国政治体制思想在规划上的落地。

　　再看城市，显然不是这两个城市所能代表的，还有很多城市呈现出来的既有自下而上，也有自上而下，既有现代化的一面，也有需要不断改进，真正让城市生活能够体现出美好一面的内容。图3是巴西的一座城市，一条高速公路把城市分为两个部分：一侧是大量的贫民窟，另一侧是经过改造的城市现代化新区。

　　刘易斯·芒福德说过，人们来到城市是为了生活，他们安居在那里是为了生活得更美好。吴良镛先生说过，人类对自然以及文化遗产的破坏已经危及人类的生存。雅各布也曾经说过，城市永远不会成为艺术品，因为艺术是一种生活的抽象，城市永远是生动、复杂的，它是真实生活的自身。所以，虽然

我们能看到像威尼斯、伦敦、巴黎、佛罗伦萨的优美景象，但是从一个城市的整体来讲，显然更加复杂。

　　城市设计本身也有追求的导向，很多探讨城市的书籍，里面都有回顾。城市设计的价值导向和人的认识体系、空间的形态发展变化之间是有关系的。我们经常探讨，理想的城市模式是什么？在早期，神权、皇权起了非常重要的作用，这个时候呈现出来的城市形态是一种。再经过发展，城市进入工业文明主导的时候，功能主义、技术主导、财富追求成为城市里非常重要的价值影响。再进一步发展，我们对人文主义思想的追求，开始包容对多元价值在城市里面的反应，这是一个非常重要的阶段，也是现在最有影响的特点。

　　所以我们从下面一些案例可以看出来，在意大利的小城森恩纳，政治体制和宗教对

图5　图6　图7　图8　图9　图10

图11　图12　图13　图14　图15　图16

城市起了作用。图4中间的广场是市政厅广场，现在仍是市民生活非常重要的活动空间。旁边的教堂依然有非常强大的空间上的影响力，二者并处于一个历史古城之中。

这个城市分别体现的是东西方文化对理想形态的追求，一个是西方的城市，一个是中国的都城，都是非常理想的城市形态的反映，这里反映了不同的价值导向。

图5和图6是1872年伦敦版画的两张翻拍照片，反映了当时伦敦的景象，也就是进入工业文明之后，大量人口进入城市，城市生活呈现出一种新的状态，城市生活的空间，呈现出新的景象：图5是非常拥挤的大量人群进入城市的景象；图6反映的是当时新形成的高密度的居住形态对城市的影响。所以早期城市规划里有一个非常重要的导向，就是公共卫生、城市安全对城市发展规划的影响。图7是1900年的芝加哥，从建造技术来讲，摩天大楼已经开始大量出现，城市的景观、街道秩序又呈现出混乱的形态。所以在18世纪，设计界开始提出城市如何美化的

问题，出现城市美化运动。

到了20世纪初期，很多现代主义大师开始探讨怎样改造城市。图8是柯布西耶提出来的巴黎城市改造方案，用现代主义的方法对过去的巴黎进行改造，这种改造方案并没有在巴黎实现。但是在那之后，现代主义对城市的影响还在不断深化。1936年，在底特律举办的世界博览会上，通用汽车馆提出了20世纪60年代的城市构想。诺曼不是真正的城市规划师，他是对工业设计等非常感兴趣的学者，他畅想未来应该进行这种改变。图9是一个汽车时代的来临，图10展示的是通用汽车模型展示出来的时候，人们看这个汽车模型的情景。这种情景在后来的城市建设中非常鲜明地被体现出来，这种变化对城市产生了非常巨大的影响。

还有另外一条线，就是对城市发展本身过程中受到灾害、影响，包括来自人类自身战争影响的时候，城市怎样进行改造和重建？图11和图12是非常有名的第二次世界大战之后华沙重建的案例。华沙作为一个古城，

在战争中遭到破坏。但重建古城的方式是对过去留下来的城市建设资料重新进行梳理。这是一个非常少有的重建方式。华沙不是一个真正意义上的文明古迹的城市，但是它依然被联合国教科文组织命名为"世界文化遗产"，这也是一个非常独特的先例，反映了从人类价值追求角度，对这样一个历史城市的人文思想情怀的追求所得到的认可。

也有城市选择另外的方式重建。图13和图14是第二次世界大战中遭到破坏的一个城市——考文垂。考文垂有非常著名的大教堂，战后将遗迹保了下来。但是周边地区，选择的改造方式是用现代主义的方式进行重建。这种方式显然跟华沙是完全不同的，它在新的城市里得到了彻底的实现。图15和图16是1957年巴西利亚进行的新首都规划。在规划里，现代主义的思想已经完全占据了对这个城市的统治，所有规划反映的都是柯布西耶描述的场景。

城市设计在这个过程中在发生着一种演变。对城市的讨论，城市设计古已有之，而

图17　　　　图18　　　　图19　　　　图20

图21　　　　图22　　　　图23　　　　图24

作为学科的方向进行讨论，在20世纪60年代开始受到重视。以哈佛等为代表的学校开始讨论城市设计怎样对城市价值产生影响。在这之前，从视觉角度来考虑的一种景观面貌的呈现和基于生活考虑的空间创造，一直是城市设计讨论的非常重要的两个方面。

从国家崛起的角度，2008年的奥林匹克运动会，包括上海世博会中国馆的设计受到普遍关注，大量国外设计师参与水立方、鸟巢等设计。但是从总体规划来讲，城市历史轴线的延伸形成了，大家觉得奥林匹克中心是国家崛起的标志，从里面大的整体建筑到小的下沉景观设计都进行了非常细致的雕琢（图17、图18）。从2008年奥运会到现在已经过去7年，很多精细化的设计是不是还在被市民愉悦地使用，这是值得我们考虑的。也有一个地方让我们非常感动，就是鸟巢举办的类似于夏天的足球比赛到冬季的冰雪运动比赛。还有一个特点跟市民生活更加接近，那就是我们每个人都能去的奥林匹克森林公园，里面的长跑、散步等场地和设施，为北京市民提供了新的生活方式。城市设计怎样为生活创造价值，这是值得我们讨论的。

从区域竞争的角度，城市设计也是一个非常重要的抓手。从南到北、从东到西，城市通过景观面貌塑造和城市中心区的改造提升这个城市的品质或者打造城市景观的面貌。图19是深圳福田区的规划，这个规划基本在现实中实现了，这不是现实的照片，是规划的模型，但基本上是完全按照这个规划来实现的。我最大的感受就是：在这样一个轴线上，几乎很少有市民在活动，这是非常遗憾的。但是对于整个深圳来讲，它又是非常年轻、非常有活力的，很多街道和地区是非常吸引人的。所以我们要思考：城市设计为什么不能与日常生活形成更紧密的联系？

图20是从外滩上看浦东远处的情景，但是很少有人能体会，当你身在其中的时候，那里到底有多少吸引你的东西。我们也会说这种轮廓线是生活当中需要的，但是从城市生活角度来讲，光有轮廓线是不够的，类似的场景在其他城市也可以看到。图21是从钱塘江上看到钱塘新城的情景。从单体的建筑到景观的环节，这个地方有很多新的功能出现，但是让人们觉得非常愉悦的生活空间还是不足。

再比如北京的CBD（图22），大家几乎都觉得那里是北京金融、商业、现代化发展的象征，但是几乎很少有人能想到那里有趣的休闲游玩场地，CBD的另一个代名词就是拥堵。当然新的代名词在于家堡也出现了。这个区域与其相关联的是有很多大量的空置办公楼（图23）。所以，城市设计所描绘的美好蓝图与现实生活的关联，这方面还有大量的工作需要我们做。

作为地方标志的城市设计也比比皆是。图24是郑州郑东新区，当时只是做一个新区规划，把这个中心区当成一个巨大的单体建筑来做，这是日本的黑川纪章设计的。

城市设计到底是什么？城市设计和人居环境到底是什么样的关系？有一句话对我们非常有启发：城市设计首先是一种现实的生活问题。我们不可能像柯布西耶设想的那样，将城市全部推翻而后重建，城市形体必须通过一个"连续决策过程"来塑造。美国的著名城市设计学者乔纳森说过一句话：城市不是浪漫的花色和图形，它是一连串面对城市真实生活的行政过程。应该设计城市，而不是设计建筑，应该是一个连续的决策过程。城市设计的关键是如何从空间安排上保证城市各种活动的交织，在空间结构上实现人类形形色色的价值观的共存。实际上进入一个现代阶段的时候，城市没有办法像过去那样塑造一个完整统一的城市，更不可能简单地统一体现出单一的思想。所以我们看到的城市设计依据的应该是一种心理的、人的行为、社会文化等其他方面的准则，强调的既是一种有形的，也是一种经验的城市设计。

现在对城市设计有很多理解，包括这两年我们在讨论奇奇怪怪建筑的时候，大家在说怎么会形成这些奇奇怪怪的建筑和千篇一律的城市。我不认为简单地用城市设计这样一个词汇，或者简单地把城市设计编了一堆导则就能解决这个问题，更多的还是解决对于城市生活的一种认识。就是到底什么是一种真的美，城市的美到底是什么？城市的美跟我们视觉的体验和生活体验两者之间的差距是什么？所以我认为，城市设计既是一种美好生活的愿景，也是一种理念，就是我们怎么创造城市的理念，最后才能把它当作一种工具和技术来使用。

大到城市规划，小到城市景观小品设计，跟城市设计都是有关联的。有关联并不意味着城市设计师能做所有的工作。不同的领域、不同的学科方向都可以参与到城市设计工作当中来，特别是艺术设计、建筑设计、风景园林设计、城市规划设计以及市政工程的设计。在这里有两方面给我们启发，当进入微观尺度的时候，它进入的是涉及以一个学科为主的领域，在这里体现出来的是工程和产品。最近一些文章在讨论交互设计领域，包括与信息技术相结合对艺术设计的影响等。我也在想，在规划和建筑学科领域，我们真正探讨了多少新的技术，包括交互设计的思想对建筑规划设计本身的影响，也就是对城市生活的真实体验以及建筑在城市里面的影响（当然也包括一些新的技术对它的影响）有多少思考。所以真正到宏观层面来讲，应该以规划学科为主导。在这里就不是一个简单的工程和产品，更多的是一种政策和过程。所以在这两个层面，参与的方式和对它的理解是不一样的。在宏观层面，它是一种过程，慢慢地控制，慢慢地影响，包括一些政策的制定；而到微观层面上，设计的手法，作为一种工程来实现，作为一种产品来实现的时候，要考虑它对整个城市环境的影响。

这里面还有一个多元、多层次的工作，概括为三个层面：第一，从规划层面来讲，讨论的是一个大的策划和布局，比如在这个地区、在这样一个城市范围里，有多少对未来的设想。这种设想也包括视角的高与低，但是大的布局，规划学科更应该发挥作用。第二，进入设计层面。这是对空间的塑造和空间和生活之间关系的理解，大量的设计学科在这里可以发挥非常大的作用。第三，有了这种设计上的构想，也有了规划布局上大的远景的时候，怎样在管理过程中实施非常有效的控制和引导。在这里，城市的管理复杂程度超出了我们对管理学科的理解，它包括各方面的管理，不是简单的建设管理和规划管理。

所以，好的城市设计应该以一个系统的规划为基础，通过有效的实施过程来控制管理，在一系列的行动策划之后，通过很好的实践，最后通过核心人在里面的作用，人的监督、人的体验，才能呈现出一个好的城市设计。城市设计也包含不同学科对它的影响，比如规划设计，城市设计有规划，才能注重宏观形态的整体把握。在这里，形态布局、功能联系的策略很重要。对于城市建筑来讲，要注重塑造城市空间的形象。在一些特定的场所，它跟行为之间会发生怎样一种关系，包括怎样塑造有感染力的空间形象特征，这是建筑学科里非常重要的发展方向。

还有城市设计和景观学科。从宏观来讲，景观学科对现在提倡的景观生态可持续有非常具体的要求。从微观来讲，它是提升细部品质非常重要的技术，可以在环境功能质量上来提升。在这里，我们不要忘记跟学科之外市政学科的关联，其手段和影响远远超出了过去对它的了解。城市设计是技术创作的过程，也是社会经济的特征，必须要考虑社会经济的影响，也是社会经济管理的过程，即科学求真、人为求善、艺术求美。如果对应到城市设计里面，城市设计对美的追求是它的一个目标，也是它的核心，但是它应该放到第三的位置上，如果没有对真的理解，也就是说，首先是城市的政治对形态的管控和体现出来的公正性，美的实现是困难的。还有就是经济的关联，即空间资源的使用效率以及经济性，如果对它没有认识，只追求美，也难以实现。所以所有设计学科的人应该理解和关注政治和经济对城市空间塑造的影响，这是真的过程。同时城市设计体现对人的关注，这个人不是抽象的人，也不是简单的对空间品质有高层次需求的人，而是包含社会环境里不同的人的形形色色的追求，这就是对善的把握。有了这两点，才能真正实现对文化品位的追求，这是一个美的过程。

在这样的基础上，城市设计多元价值创造和人居环境的创造方面，有几个案例值得

图25

图26

图27

讨论：第一，我们经常会把公共空间当作城市空间、环境塑造过程中的核心内容。公共空间复兴的背后有很多故事和推手。图25是纽约地区公共空间的规划。这里面有很多手段推动它，其中之一是在纽约所实行的POPS政策。POPS就是私人拥有的公共空间。也就是说，公共空间的创造不仅仅来自公共部门，私人也可以参与其中，甚至可以发挥很大的作用，这是具体机制。这是一张图纸的描绘，如果没有激励机制，所有建筑在里面全部摊开。如果有激励机制，可以把他的领地释放出一部分给公共空间使用。这就描述了在什么情况下，提供什么尺度的外部空间，就可以给你什么奖励，就是最大区域所占的比例是什么样的，其他地方不划入所占比例范围是什么样的。这里面规定了不同的开放空间，如果给你奖励，提前进行约定，约定就是24小时开放的，以及奖励方法。通过这样的奖励，政策所实现的POPS在曼哈顿进行了分布。如果一个案例被当作一个样板来介绍，如果能实现这么多POPS，它对城市的影响是可想而知的。例如在曼哈顿第一区的POPS区域。这不是企业和政府之间达成的共识，而是跟社会达成的一个共识，社会是可以监督的。所以，在美国IBM中庭里可以看到这样一个

空间，有树木、咖啡等装置，但是我们不知道它背后有这样一套技术和政策在进行控制。它有一个标志，在这里有14棵树。另外告诉你在这里有艺术品，还有110把可以移动的座椅，在这里可以提供食品、咖啡和移动的桌子等等，这些都是公开的（图26）。

另外就是高线公园（图27）。这个案例形成的过程也是景观与城市设计学科、城市规划相结合的。这里过去是一个废弃的高架铁路，在实现过程中，政府的公共部门和民间部门，包括企业、NGO组织，发挥了非常重大的作用。历史上，工厂、仓库、运输是这个区域的主要职能。当这些产业逐渐升级，这个地方不再会有工厂和运输的情况下，怎样使周边的办公、各种各样的生活和铁路发生联系，而不是把铁路拆除？不同的利益群体会有不同的诉求，跟这个地方相关联的开发企业当然希望拆除铁路，进行整体的改造和开发，但是更多的市民和NGO组织呼吁，把这个地方保留下来，塑造不一样的空间，为周边城市创造有价值的生活。这是形成之后的情景，这个地方跟纽约很多地方是不一样的，当然跟中央公园有很大的不同，它有不同的街面，有不同类型的停留空间。在这里，景观设计师进行了非常精彩的创造。同

时在这里提供了多样化的活动场所，建筑师和规划师进行了很好的合作。在这背后，公共空间改造的动力到底是什么？一个非营利组织"高线之友"非常关注这个地区，并推动这个地区的发展，从政府政策和资金支持，开展方案征集，进行建设、容积率奖励、公园的运营和维护以及寻找高线公园周边多样性、有活力的社区，提高私人投资等给予关注和推动，帮助地区实现了公园的建设。

在这里有很多空间管控对它的影响，在这个过程中实际上要做大量的工作，就是外部的支持。首先，是土地利用的条件，土地利用对一个地区的发展有非常大的影响。其次，在这里进行了很好的区划，跟高线本身相关联的一些地区，在区划的基础上进行了容积率的调整，容积率的调整和控制对最终的效果产生了很大的影响。这是容积率奖励的政策，当然这里有很多设计的讨论，比如周边可开发的地段怎样设计，怎样和高线公园形成更好的配合，这是体量上的讨论。这是建筑和开放空间的关联，开放空间里面不同的点有不同的内容。每一个点跟周围地区怎样联系，要建立哪些内容，在这些方面设计师做了大量努力。在这个基础上，活动的策划和运营，就是建好一个公园最终是要为

图28　　　　　　　　　　　图29　　　　　　　　　　　图30　　　　　　　　　　　图31

图32　　　　　　　　　　　　　　　图33　　　　　　　　　　　　　　　图34

市民服务的。公共空间活力创造是一个非常重要的保证。在这里明确了公园各种入口的标识，有了标识才有很好的导入，不同类型的空间节点开展不同类型的艺术展览活动，它有公告。"高线之友"下面有一个高线艺术委员会具体推动和负责。这里面还有植物的展览，把植物、环境品质布置和生活体验、知识的学习结合在一起，还举办各种各样的社区活动。有了这样一个开放空间，怎样推动周边社区跟它的活动？我们可以看到有不同类型的社区活动，包括社会交往性的活动也在这里开展，还包括最重要的就是教育计划，对下一代、中小学实现教育。这个地方不讲究设计上的所谓高大上，而更多的是接地气的东西。在这里还可以承办私人聚会，给城市提供不一样的生活。

高密度发展的城市是值得我们学习的，过去我们经常把欧洲当作学习榜样，但是纽约、东京也有值得学习的地方，例如在高密度情况下，怎样创造宜居的生活。从2006年到现在，超过20亿美元的投资和12000个就业岗位在这里，私人投资和就业岗位从国

际视角，对城市设计的讨论已经超出了简单的空间美学，如果你不能给城市带来生活上的价值、就业上的价值，那么这个城市设计还是值得再讨论的。

另外一个案例就是城市对人文的关怀，例如北京的历史街区。北京现在还有平房区大概26平方公里，在这里居住者大约有55万人。现在55万人里面，有的地方外来人口达到30%到40%，低一点的也有20%。所以人口的复杂性对城市设计提出了非常艰巨的挑战。对历史街区来讲，过去我们经常做的就是：第一，保护文化遗产，特别是对遗存下来的真实文化遗产。第二，我们非常关注它的整体风貌。第三，遗存的保护、风貌的保护离不开社会生活的延续和社会生活的改善。所以这些年讨论了很多小规模、渐进式更新以及政府主导下的人口疏散等内容，但是对这些地区进行分类保护也是非常重要的工作。在整个保护区里面，不同类型的保护区怎样进行不同的工作，我们做了大量努力。居住环境改善是它的核心，我们在旧城里面进行了不同地区的居住更新改造。城市

改造的手段和过程应该是什么样的，这是我们值得讨论的，很难一次性改造好。

从图28和图29可以看到，胡同里有大量的车辆停车，机动车停车已经侵入胡同里，这是经济收入的问题，也是整个城市环境的问题。图30和图31是发动学生进行大杂院改造过程中的梳理。所以北京城市设计首先要做的就是把脸洗干净，把衣服穿整齐，这是第一位的。很多地方还不能要求品位化的生活。

这几年在上海地区也做了一些工作，主要是整理一些小的广场、公园，就是跟老百姓的生活相关联的，比如过去经常拥堵的地段，这个地方经过拆迁改造形成小的广场，过去非常拥堵的角落得到了改善。我们希望这种改善最好是那种你看不见或者你有一点感觉，但是不会觉得这个地方发生了日新月异的变化（图32）。当然还包括火神庙周边怎样进行改造。通过这种改造我们想到的就是在这个地方怎样通过环境的塑造，既保护传统的文化遗存，又给市民创造活动的场所。这里面是一个有效的干预——政府的干预和

图35

图36

图37

图38

图39

图40

社会参与的过程。

图33和图34是北京烟袋斜街，我们可以花精力一次性投入，使它变成前门大街那样的场景，但是也可以一点点对它改造，它是一个持续的过程。

巴塞罗那的内城坚持公共空间的政策，它在20世纪六七十年代也经过衰败、污染的过程。1992年奥林匹克运动会之前，有几任市长持续做公共空间的营造和公共空间的改造，带动了城市的发展，把围绕城市核心地区大大小小的空间整理出来，而不是把这些地方做成开发项目，慢慢就带动了城市的改造和改变。图35是它的步行街，图36是工厂改造后的公园。

另外就是怎样把美化过去和生活关联起来。这是赫尔辛基的灯光节（图37）。赫尔辛基作为北欧的一座城市，黑夜非常漫长，冬季非常寒冷，抑郁症发病率非常高，患者数量超过欧盟其他国家。他们通过灯光节的活动改善城市，到冬季整个城市的景观面貌使人身心愉悦，使人们有更多的户外活动空间，实现人的生活美好。由于这些年坚持做这些

活动，他们的抑郁症自杀率水平慢慢追上了欧洲的平均水平，这是城市设计过去很难考虑到的因素。

最后，艺术求美。前门大街是我们非常关注的，对于这样一个环境，大量的设计师相信跟商家一起慢慢可以改造好，但是这种信心最后没有换成耐心，最后政府选择的还是整体改造的开发情景，这样就带来非常大的争议，商业是慢慢叠加、慢慢累积和调整，商业环境也是慢慢塑造的，一次性改造固然会带来灯光、设施、景观等等一系列的美的效果，但是这种美跟美的生活是不是直接关联，这是值得反思的（图38、图39）。

还有一个例子——上海新天地（图40）。它之所以有特点，就是它带给我们耳目一新的感觉，因为大量的上海里弄也被清除掉了。人们面对这样一个没有被清除的地区，发现这里可以给现代生活带来影响，虽然这种影响和经济效益是有商业价值的，但确实是一个创造的过程。在这里如何面对这个地区，拆掉里面所谓的不太好的房子，从而塑造内部的空间，这就是一个空间创造的过程，在

这里把新和旧结合起来，加上不同的空间组合和不同的商业业态，带来的是我们对新天地现在的感受。当然，前提是，我们面对一个环境的时候，有一种生活对它的感受，这种环境可以带来什么样的生活？我怎样去改造和设计这个环境？在做的过程中，拆除糟粕，注入一些新的元素。在注入过程中，老的地方怎样加以使用，加以美化，并进一步修复。很多人争论这是一个保护性的设计和商业性的设计，这些争论不重要，它给我们带来的启发和有价值的内容更重要。

德国的波茨坦广场没有选择新的摩天楼式的方案。在做的过程中，设计方案和竞赛方案、实施方案之间有一点微调。最后创造的空间非常醒目，包括索尼中心，在这里创造了一个跟传统空间不一样的内部中庭，是外部的街道式空间蕴含在内部的中庭空间，这个中庭空间成为最受欢迎的一个场所。在看整个空间领域的时候，它跟周边环境形成一体的外部空间。在这里，建筑设计的丰富多样和整个空间秩序的追求是结合在一起的（图41、图42）。

图41   图42   图43

图44   图45

  最后一个例子——林肯艺术中心。这是美国很多建筑师一起完成的作品，从城市设计空间角度来讲，现代主义建筑可以与传统空间结合，给城市带来新的价值。图43是林肯中心这一组建筑里大家最常引用的场景，中间一个广场，一个喷泉，大量活动的人群。但是从事实来看，在整个设计过程中，设计师对米开朗基罗塑造的经典空间加以借鉴，通过简单的植入方式，把原有空间的三组建筑变成一个城市非常经典的广场。这种空间结构所带来的城市识别性、空间的维和感以及人们对它的认同是六个建筑创造的最佳结果（图44、图45）。

  城市设计是一个非常大的尺度，包括城市设计所倡导的和自然关系的核心处理，景观生态学在里面可以发挥很大的作用。第一，尊重自然。和谐的环境才可以持续，这是现代城市设计讨论里最重要的。所以以人为本也在发生变化，这个人也包括人和自然之间的关系。第二，继承历史。从传统智慧中可以吸取很多营养。第三，不断探索新的技术。建筑和规划对新技术的探索和讨论还远远不够。所以要探索技术永不停歇的进步怎样改变我们的生活。第四，人文关怀和可持续城市，这是所有学科在人居环境创造过程中非常重要的目标。我们要创造一种空间的意象，但更重要的是人们生活的场所。

在建造中再次认知设计　　韩冬青

非常高兴有这个机会与各位老师同学交流关于设计教学的一些体会。我今天演讲的题目是"在建造中再次认知设计"。

为什么要做这件事呢？幻灯片的大部分内容都是东南大学这两年教学当中课内和课外教学中和建造有关的一些信息，借此机会跟大家汇报交流一下。

不管是做什么行当的，只要是设计，不管是建筑还是别的，一般都不会脱离图形来讨论问题。我们都知道图是非常重要的。为什么现在要来讨论建造的问题呢？关于设计教学，特别是建筑设计的教学，它大概有这样一个粗线条的线路。

设计师并不是一个独立的职业，对于建筑来讲都是在建造的总体过程当中。工匠时代里并没有专门从事设计的人。它是一个整合的过程。但是到后来，从专门的工匠队伍中有一部分人出来做设计，这是专业分工，就是有人负责设计，有人负责建造完成，这两种人分离开来。一旦出现这种分离，从事设计的人，或者说是设计这个专业的表达语言所必须依赖的一种介质、媒介就变得非常重要。在这个过程中，图就变得越来越重要。

我们可以看一下巴黎美术学院培养建筑师的方法，主要就是通过画，从临摹到自己去做设计的创作，都是通过二维介质来表达。这时候，实际上是创造了一套画的方法，不同的图应该怎么画，这种图和实际建造的关系是相互映射的。非常有意思的是，有时候怎么画，透过这种教育教学画的方法，即意

味着设计的思维、设计的方法。到了包豪斯时期，建筑的画法就跟巴黎美院有很大的不一样，它开创了另外一种画法。我们现在经常使用的，比如室内空间界面的投影或者室内立面的展开或者内部空间的轴侧、外部形体的轴侧，这些画法都是在那个时候催化出来。这种画法表现什么呢？实际上表现了作为实体界面和空间形态之间的一种对应性，这种东西就要由相应的画法来说明这种问题。

20世纪50年代，美国德克萨斯大学奥斯汀分校的一批教师进行教学改革，俗称"德州骑警"。这些人在探讨现代主义、现代建筑教学的时候做了很多事，想了很多办法，其中一个主要办法就是要分析大师的作品。大师作品非常丰富，那需要创造一套分析方法。所以到目前为止，建筑设计里面运用的分析图画法都是基于"德州骑警"，就是九宫格的模型。这种画法越来越多样，即设计思路越来越多样。画法再慢慢延伸，便是模型制作。其实在包豪斯时期就已经开始做模型了。模型是画图的一种延伸，它本身并不是真实设计对象在现实环境当中的实体。比如你做的建筑模型，它本身不是建筑，但是可以通过模型比二维图纸更多地展现模拟实物建筑的信息。再后来，计算机提供了更多绘画工具，改变画法的同时，也激发了设计思维的创新（图1）。

在整个设计领域，画的方法、画所代表的思维方法不断在演进。但新的问题产生了：当画的方法越来越多的时候，另一危险越来

越严重，就是需要与实际环境打交道的设计师，开始脱离真实的环境，开始习惯于闭门造车和案头工作，甚至于不太理解我们的工作是一个非常大的社会实践系统的一部分，甚至于不太想得起来我们这种人其实在古代就是工匠的后代，已经不觉得自己跟工匠有什么关系了。在中国内地建筑学的教学中，这个问题是普遍存在的。

这种问题要通过什么方法解决？我觉得由专业分工带来的问题是有利有弊的。各个国家建筑学的教育都或多或少、或早或迟地发现了问题，所以很多院校在重新讨论建筑学设计师的培养，在培养过程中关于建造的认知——缺少建造的认知会对设计本身认知产生很大的影响，这是这个问题的由来。

下面简单向大家报告一下东南大学这几年做的工作。

东南大学一年级到第二学期时都会有一个"建造节"。这个建造节持续将近20年时间了，也是一步步探索。第一届的建造节是拿纸板来做，但是纸板不能遇到刮风下雨。可另一方面，刮风下雨本身这个体验就很有意思，如果模型站立的时间太短，那个学生获得的体验是有问题的。我们想过很多办法，曾经有一年拿PVC做材料。东南大学一年级的建造课给学生几个东西，就是必须是真实的材料，可以在课堂里面做更小的模型之后再把它变成真实的材料。但是在整个建造过程中，比如几个同学的组合，用什么材料，花了多少钱，在规定时间内做起来、拼完图，

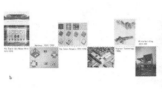
图1

图2

图3

图4

图5

图6

图7

图8

最后是东西在室内放了一个星期之后再打分。至于这个星期会发生什么，没有人知道。有可能一个星期这个东西就变形非常严重，有的过了一个星期差不多还是原来做的样子。

今年东南大学建造节选择的材料是竹子，到一个竹乡。开始作为教学，先让同学在家里做模型，然后到现场做，要求这些东西有一定的功能，起到一定的作用。这会在一开始就给学生建立一个简单的、但是很重要的概念，就是虽然是在设计初步课里，但作为专业培养还是要让学生知道，最终目的是要回到真实的建造中（图2~图4）。

东南大学每个暑期都有一个短学期，期间了集中各种各样的实习课，比如美术实习、园林认知实习等。建造实习课一共有四周，其中两周时间我们请了中国建筑设计院的曹晓昕老师开了混凝土器皿的探索课。第一次开课，教案没有检验过，直接投入教学，当

时两周时间非常紧，我们都很紧张，因为学生没有接触过这种事，这与一年级建造很不一样，这个东西直接拿混凝土拌合，涉及模具、材料与加水的配比，还要用胶，同时涉及和其他复合材料的组合。但是整个过程做下来以后，结果超出我们的想象。同学和老师交流互动中迸发出来的创造力，让人感到欣慰和惊喜（图5~图8）。

这样一种过程，表面上看做出来的东西都非常小，也不是我们所谓的建筑，甚至感觉是不是建筑学里面的教学内容，也不是很鲜明。但不管是不是建筑，我们与生活相关的设计品都会关心这个东西拿什么材料来做、用什么工具来做、制作的过程是什么样的，做完以后是什么样的状态存在。有了这些思考，其实它对建筑的认知是一样的，非常有价值。

经过两周的学习，同学自己举办一个展

览，把他们的作品展现出来。同样，不是所有的同学都在这里，还有一部分同学在工地里。然后两组同学一起，这是两种尺度的训练，但是经过交流可以得到对建造更加丰富立体的认知。

另外，每年加拿大木业协会支持东南大学和英属的哥伦比亚大学的木构建造实践活动，它不是建筑设计计划内的课程，但每年都会有，属于一个课外活动。学生是混合的，本科低年级、高年级和研究生都可以参加。2015年的探索主题是"预制复合木料和中国传统榫卯构造"，讨论中国原来那种不用钉子的构造方法，怎么把它做成一个当代形态，适应当代功能和当代环境。这是一个很有意思、但也很难的课题，必然有一定的探索性。最后结果双方都觉得非常有收获（图9~图12）。

东南大学是开放式的教学模式，在两

图9　　　　　　　　　　图10　　　　　　　　　图11　　　　　　　图12

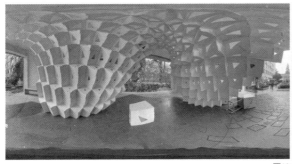

图13　　　　　　　　　　　　图14　　　　　　　　图15　　　　　　图16

个学期内，大学四年级的学生要完成 4 个设计，规定内容必须是 4 个门类。每个同学都要选全了，第一个是公共建筑设计，第二个是住区和住宅，第三个是城市设计，第四个是学科交叉类的。所谓学科交叉类，比如和历史理论、遗产保护交叉，或者和技术组的建造节能、建筑结构探索、景观学科的交叉等，必须要两个专业学科以上的知识在一起。任何一个学生都必须选择到这四种类型，我们在任意一个时间单元、每一个 8 周内，四类课题都有，每个课题有两个或者两个以上的老师，根据这个类型的要求命题，所以老师的命题也是不一样的。这样一个学生在三年级结束的时候就要判断，我先学什么，后学什么，要跟哪几个老师学，要知道自己四年级的设计课学习计划，然后按照这个计划去学。

这里介绍的成果是每一年的四年级一定

会有的交叉类课题，就是数控建造。每年课题都是由李飚教授主讲。这个课题的学生要完成以下几部分课程：先学习建筑运算和建筑形态之间的关系，最起码要学习基本的计算逻辑，跟形态之间的关联，所以要学会编程。前面三周甚至四周的时间都在学习编程。但是这个编程不是简单的在电脑上工作，编程始终要跟形态关联起来，所以在编程过程中，在电脑中会有很多虚拟的形态，也可以用实验室的 3D 打印临时检验学生自己编程的成果。

这个工作做完以后，就要到现场做 1:1 的模型。不管形态是简单还是复杂的，都要完成运算和形态之间的转换关系。同时因为形态比较复杂的，比如右下角是今年刚刚做出来的不锈钢透孔的公园亭子，从整个设计到现场工作，全部过程会给学生留下深刻的印象。其间他也体会到真实的建造与设计之

间究竟应该是一个怎样的关系（图13、图14）。

东南大学连续做了两年混凝土微筑竞赛。这个竞赛是本科生来参加，由万科集团资助。今年它已经发展为在南京的另外几所高校共同参与。

学生从设计到混凝土微尺的模型，作为竞赛有一个初赛阶段，评委选出 6 ~ 8 件作品继续到第二阶段；第二阶段完成之后再进行终评，最终选出一个金奖。金奖的奖励就是去实际建造。图 14 是 2014 年获奖作品实际建造出来的成果，他关注的主题就是混凝土的材性，以及空间和制作之间的关系。这个作品叫"微亭"（图15、图16）。这个作品的设计者做完之后，他们班的同学去参观他的作品，问他有什么感想。他说做完之后有两句话：第一句是，"一切都像你想象的那样"。就是他想象的房子终于盖出来了。第二句话

图17

图18

图19

是，"一切都跟你想象的不一样"。其实可以说，如果不经过实际的建造过程，是难以获得这种体验的。经过这个过程，对他的设计会有非常大的影响。

最后是东南大学研究生2015年春季做的活动，由张彤教授率领团队，在浙江临安的双庙村建造鸭寮。这个村的观念是要过有诗意的乡村生活，他们有一个稻田养鸭子，要做很多鸭寮。团队一共有32名学生，工作了5个月的时间，最后用12天现场一共建了22个鸭寮。学生要去学习，学习当地的竹工技术。其实中国用竹子的很多用法与西方人不一样，比如我们用的编制方法，还有就是竹子可以弯曲，可以热加工，这些方法都跟用螺栓做主要接点的办法不一样。学生先要学会这些民间智慧，经过一轮现场和工艺调研后回学校，在学校做自己的设计。比如说，我要做什么样的鸭寮，然后做模型，做模型时要研究曾经有过的学科里面及学科外部已经积累

起来的、各种与竹建造有关的知识，像材料本身的材性，竹子可以分成很多，可以分成竹筒、竹芯等。怎样做各种各样的构造，编制式的、绑扎式的还是螺栓式的，还可以用灌混凝土的办法，各种方法之间的利弊怎么样，最后基础怎么样，跟最后建造的形态如何关联。

图17中展示的研究生同学在校内工作的方式和成果，每一个作品都要先把小模型做出来。这样就完成了自己的案头设计工作，然后再去现场。在现场时要做几个事情：第一，要把你的设计介绍给你的业主，比如你的鸭寮是给哪个农户做的，跟农户讨论，农户提意见。所谓鸭寮就是为鸭子服务的房子，所以知道鸭子什么时候要进来进食，什么时候要入寮休息。因此，什么样的形式才是比较好的，讨论这些问题。当然也有很多方案遭到农民质疑，那就修改调整。第二，最后要真实建造1:1的鸭寮的时候，构造方法可能会发生一些变化，所以这个时候需要专门再去向当地的工匠学习竹子建造的各种方法。第三件事是要制定好12天的工作方案，12天必须完成，把所有事情全部做完。这是干活的过程，有的是预制的，然后往村子里运。有的是把材料直接运过去，在村子里直接做。

在这12天中既有大太阳，也有大暴雨，但是一天也不能停下来，如果停下就来不及了。所以要搞清楚在什么时候做什么事情。这里有一张图片是学生在雨中建造，反而很有收获，因为要防雨。可是用什么来防雨呢？最后就到村子里去找包粽子用的叶子，它非常轻。那怎么跟竹条绑扎呢？照片展示的就是他在琢磨这个事的过程（图18）。

这是第12天，所有鸭寮基本上建成，安置在各种各样的地点（图19~图22）。当然在不同的地点，它的模样肯定是不一样的，但每个都变成真切的存在。对于学设计的人来讲，这种感觉的捕捉是非常重要的。这里面有一个有趣的事情，有一组学生设计的是像蚕茧一样的鸭寮，因为要用电锯，只能在村头做好，然后往安置点搬移。但是那个东西太重了，最后就用万向轮。因为这个东西在路上会歪歪扭扭，要很听话地"走"到你预定的位置上就变得非常不容易。所以搞完这个，他们把这个大家伙叫作"航母"（图22）。

所以平时我们在课堂内讲材料的质感、材料的比重、包括含水率等这些概念时是非常抽象的，但是在建造的过程中，它们就非常具体了。比如说什么是份量？还有，计算

图20
图21
图22

机里面的模型再复杂、再悬空都是非常结实的，但是在现场就是另外一回事，这一切都真切地展现在你面前。这样一个过程结束之后，我们作为教学经验和教学成果的意义非常多，张彤老师专门在学报上撰写了文章。但是我觉得有两点是非常难做到的：第一，关于材料材性的认识和动作的过程，这是没有办法用抽象的知识讲述去完成的；第二，在真实的建造过程中，你会非常真切地感觉到我们的工作是社会实践的一部分，因为你要与各种各样的人打交道。什么叫情感？对于设计师而言，这个情感意味着什么？这位学生开始去一趟，最后去一趟，时间不是很长，但是已经跟农民建立非常好的关系，大家可以像朋友一样相处。对于设计师而言，对情感要非常敏感，这才能捕捉到所谓的人文特

性，这也是难以在平常课堂教学里完成的。

今天我给大家带来的这些信息，可以说是一个轻松的话题。在这些工作之后，我想有五个问题很有意思。问题本身不复杂，但它们却被经常遗忘。

第一，建筑为什么是应该有的东西？就是建筑何以被需要？这个问题问起来好像是非常愚蠢的，但是我们现在跟需求没有关系的建筑非常多，有很多建筑或者建筑的形式、建筑的要素与背后的需求之间没有关联，甚至是没有需求而产生了建筑。

第二，对于设计师而言，材料到底有什么意义？

第三，我们是建筑师、是设计师，我们过去曾经是工匠，那我们到底是哪一种人呢？

第四，在一个工程程序当中，我们叫"按

图施工"，那就是先有设计后有建造，这是一个工程正常的实践程序。但是对于设计师而言，设计和建造在你的思维结构里谁应当更优先呢？我觉得这与工程本身的实践程序恰恰相反，如果要设计得好，其实你想的是关于如何建造的设计，所以建造的思维应该在前面。我们不应该等你的设计到了现场才去埋怨，那么精美的设计，由于遇到了一个粗糙的施工队，所以作品被颠覆了。其实设计师早就应该知道注定会遇到这样一支施工队，不能期望有一支德国精锐建造队为你建造，因此你要考虑怎么设计。

上面所有这些问题都跟最后一个问题有密切关系，设计师怎么找到形式？怎么获得对形式的捕捉？捕捉形式的时候，应该跟建造有关系。

景观设计的空间美感营造 刘滨谊

今天的演讲，我面向的对象主要是环境艺术设计专业的同学。自从风景园林学升级为一级学科后，学界开展了广泛热烈的讨论。但我个人认为，虽然讨论很多，讨论的范围也很大，但是缺乏沉静细致的思考。所以今天，我想转换题目，结合本科教育的培养，从最本质、最基本的培养入手，谈一谈三十年来，我在建筑、景观、城乡规划专业的教育与实践中获得的一点体会。

第一，是景观设计的空间美。这里面，空间的形态美要有要有层次。我们通常讲"近""中""远"三景，这是一般景观空间都要具备的。在中国传统园林里，首先要把空间做的有层次，才能让人停下来观赏。它不是速成的，更不是现代工业时代产生的。现代工业时代最典型的交通性空间，要求快速。而园林最好让人驻足停留，这也是古今中外园林的精华所在。它可以让人静下来，让人流连忘返，甚至不走了，愿意一辈子留在这儿。在这个项目中，我们做了一大片湖面，但是湖中加了一个岛，马上就有层次了。

景观空间的特点必须要符合这样一种规律：例如，从长城垛口看出去，一方面垛口是很安全的；另一方面，通过这个垛口可以想象走出去以后的那种广阔空间。所以，景观空间要符合"了望—庇护"理论。

景观空间形态美要注重秩序之美。为什么要有秩序感？这又回到人类最基本的生理心理需求。最原始的就是人居环境的需求，要很明确地把握这个空间。华盛顿最初的规划就是基于这种思路，骨干是要集中体现自然山水和人类理想，以及人类要发展壮大、想延伸到四方的精神。这种单线就是除了横平竖直的道路网，还有许多斜交，按照现代城市规划理念是很不成熟的，但是我理解，斜交是先有的，方格网是后来的。谈景观空间，美感营造是各种感觉，至少是五官的感觉，还有文化、意境，等等。但是视觉占据着很重要、很基础、很基本的地位。

华盛顿主轴上面，要能提供这种三观。我们的天坛、故宫，这些轴线都是在创造一种秩序感。大学校园在秩序感方面体现得更突出。大学本身就是培养人的地方，一方面要有创造性，另一方面要有秩序，没有实轴，有虚轴。对于一个小尺度的场地也是一样，要有这种秩序感。

如果总结的话，景观的形态美有这样几点。景观的空间同学们在设计时一定要有一个与外部空间相连的意识。另外，集中最基本的是景观空间因自然或者景观空间形成的方向感、方位感的设计，你熟悉的或者不熟悉的环境，随时知道自己的朝向，尤其是在中国地理环境当中，东南西北的朝向是各不相同的。

第二，是景观之中的动态美。这个问题非常重要。那时候我刚刚开始学景观设计，发现自然界原来是"永无宁静"的，都是动的。追求水的流动、风的趋向，把化解到景观上。这是 2011 年落成的西班牙巴塞罗那海边的防风堤。这种曲线形成了一种动态感，当然灵感源于对自然的模仿。我们在一条八公里长的河道当中也尝试了类似的办法，把很单调的两条平衡线的防洪堤给改了。这是造好的状态。

由此就引出一个很专业的、基础理论的话题，就是景观或者山水空间都不是单个的，它有层次。层次进一步展开的话，它是连续、流转的。这种流转可能早在一千多年前就在我们中国人的绘画里产生了，这也许就是对于空间的理解。这种还是基于静态、定点的空间理解。而现代园林，包括西方，不论是大尺度还是小尺度都充满了动态感。动态感本身是景观设计的要素，山石、水土、动植物都是不断变化的。

我在这些年一系列的规划设计当中，慢慢体会、逐渐实现这些东西，所以看上去都不是很规则的。动态美是景观空间的突出属性，最早出现在中国诗人的脑海和画家的眼中，同时因现代社会技术发展得以初步实现。一方面这个美是来自客观的动与静；另一方面，也来自主观，即人怎么去欣赏的问题。现代技术手段提供了快速观赏的可能性，比如说在高铁、飞机、汽车上，它们远比古代的马快多了。所以，动态的景观设计是我们面对的一个很重要的课题。

第三，是尺度美。尺度对于景观来说同样重要。一样的形态，不同的尺度，感觉上的差异很大。比如，这就是一个山沟，不对，这里的高度有 1500 米了。那里面有一个小白点，那可不是电脑上的一小块污迹，那是一架直升飞机。尺度还会是相对的。例如，有教堂做比较，这座山就很大。所以我们做设计时，同样是荷花池，在古代园林里就那么一点，我们现在一下子做成500米长、80米宽的尺度，肯定是需要再斟酌的。当然，潜在的内容是净化水体、获得生态保护，但是在视觉形态上也是产生作用的。

我与同学交流时经常发现，往往一问设计的尺寸，他不记得了。作为项目，我第一句话便是问尺寸。尺寸要挂在嘴边，这是我们的专业语言。空间的类型不同，尺寸不同。你想设计一个交往的空间就不要太空阔了，如果你的设计想表现壮观，按尺度就得有四五百米以上。空间必须要有小尺度，中国的景观界这么多年下来，也许是因为还处于起步阶段，我们刚刚做大刀阔斧的衣服裁减，还注意不到袖口等这些地方。但是看看国外，日本做到了极致，它没法大，只能往小里做。此外，还要注意的，一个是紧密接触、亲密交往的举例，两个人面对面站着聊天等。还有一个是社会交流的距离。像我们今天这样，如果这个场子做成500米长、300米宽，我在这儿讲，后面的人看不到我的表情，那也没法交流。这个交流是指视觉、听觉、五官表情的层面上。

我这里还想说的是景观的细节，细节很重要。例如，这样在一条通道上我们设计生态足迹，从海里的贝壳，到恐龙脚印，再到人类的脚印出现等，用一些细节表达。景观中的建筑也是我们回避不了的，以及塔、廊道等。在这个生态公园里，我们利用硬井盖和各个牌子来体现细节，同时还可以通过花卉和小型雕塑来增加细节。当然这些原理还是来自于大自然，这种大草原既有开阔的空间，甚至都可以闻到花香。所以在尺度美里我想强调的就是，景观空间的尺度是跨越性

的。古人没有遥感和飞机，但是古人已经把自己比作大鸟，飞在天上—目了然地观赏大地，中国字的"观"是一只大鸟。所以，景观要创造大尺度的宏伟壮观，更要培养小尺度的精致典雅。

第四，是纯净美。在空间、尺度、动态都考虑到了的情况下，还有运用材料的问题。比如我们看这张图总是觉得美的，但是它其中就是三大元素：水、山、天空。纯净美的最典型代表是我们国家的风景名胜，比如黄山、三清山，在各方面都净化提纯了，无论是从视觉形态还是到文化精神。

这是在云南东川拍到的景象，我认为纯净美需要空间。这是一个农业景观，尽管就是一片林子，但是年复一年形成的。所以景观的纯净需要时间积淀。这是20世纪60年代设计的，就是两个元素：挖了一湖水，周边种了一批杨树。所以我们的规划设计当中也应尽量运用这些原理，比如这条河道的两边，这些大树不是移植而是全部保留下来的，已经有三四十年了。

今天说到的很多内容偏于技术性。但是不要忘记，我们用这些技术最后实现的、最后要创造的是什么？还是美的问题，最后还是要上升到美的高度。以上这些都是手段，但其实这些也不是我们的强项，比如水体净化、自然生态净化，至少不是我们的专业核心。我们的专业核心，尤其对于环艺同学而言，更加注重的应该是感觉、感受的问题。当然，你为了实现这些不得不借助技术，现在看来，必须自己学，把矛盾集于一身，自己再去消化解决。当然这样很难。同时，还要对比，同样是白沙，要用黑的配一下。但是能不能把这些美术原理用在实际当中呢？原理不在大小。纯净之中不是单调，纯净之中要有生命。

第五，是意境美。这个词对同学们来说

不生疏。我用一个例子来解释：我们有幸做了这么一个项目，从2011年开始做到2013年。从规划角度来讲，它有31.7平方公里，具体是一块湿地公园的建设，但位置上紧挨着龙门石窟。龙门石窟是世界文化遗产地，是中国和世界的文化瑰宝，有1000多年的历史文化，在这个地方动土，没文化能行吗？所以必须有意境。那意境怎么来？我们就是让它有故事，而故事怎么来？就利用它的历史，尤其是唐诗。比如说一条古驿道，按今天来讲就是一条进城的大马路，我们要把它在历史上的人文要素找出来，该恢复的恢复，该再现的再现。

这是规划的框架，在这个设计当中，我们为了创造故事和情结，主要运用了诗画园。借助历史上的诗词和画，然后去激发、创造我们的景。比如，我们把历史上诗人的巡游路线恢复了，沿线根据名人的诗词诗句又再现一些景，这样令人在沿着这些道路行走的时候，看着景，反过来读诗，就有一种互动。我们认为这就是一种意境，再现大唐山水的一种意境。

这个项目的另外一方面，首先是防洪作用，要修建新的防洪堤，我们坚决反对在那里修筑两道水泥墙，我们把防洪堤的效应扩散，扩到远处去，扩到自然景观当中，不让它看出来。可能你们还会说怎么做得这么粗糙？我们的设计是尽心尽力了。但施工方请的是没有做过园林的人在施工，我们控制不住。所以这种差距之大令人心寒。我们只能聊以自慰，说"唐代的施工水平不够"。尤其是我们的风格是乡野园林，不是西安的那种皇家园林式。好在最后中央电视台拍摄电视片《白居易》时还去那里选景了。

我想换一个角度继续谈意境。不能一提到意境都是古典的，难道现代就没有吗？我提出这个问题请同学们去思考，而且这是我

们今天和未来更需要面对的。例如，这种是现代的，张家港的历史不长，我们只能用中国的符号。当然，这里确实有意境。因为这个岛是不上人的，岛上都是动植物，充满和谐。

最后，我不知道今天谈到的问题同学们是否有兴趣。如果有兴趣，我想推荐一门网络课程"规划设计原理"，一共是64节课，可以在爱客网上查到。这门课是有几个模块：概念、要素、基础、类型。今天讲的内容是要素和基础两部分，主要是景观设计的空间美感营造。

另外，我想推荐一本书《图解人类景观》。这本书已翻译成30多种语言，但在国内目前为止只印了5000册。这本书的内容把古今中外、上下几千年、东西半球的人类景观全部罗列了一遍，以史带论，更多的是谈方法论和景观规划设计的基本规律，非常值得阅读。我今天的分析一方面来源于亲身实践，还有一方面就是源自它的启发。

再有，是理想人居环境景观的现代转换。那如何转换呢？这是我们要探索的。这个是张家港的项目，从最初的策划、国际竞标到施工图不断扩建，现在景观上花的钱是25亿，这是一个比较成功的案例。

我从事人居环境的研究源于1994年跟着吴良镛先生一起到云南考察。回来之后就激发了这方面的热情。我从1995年讲授这门课程，一直到现在。

在2011年之前，在风景园林学尚未有今天的地位时，我们一直在提出这样的理论来论证，风景园林学、建筑学、城乡规划学这三个学科应该是一样的。今天来看，这三个学科重叠部分是不是就是人居环境设计呢？如果我们想得更加乐观一点，至少人居环境学是由这三个最核心的学科来组成。

我们希望要有人居建设、人居背景和人居活动，而且要三位一体。

最后，我以吴先生的题字作为结尾："天下一致而百虑，殊途而同归"。

室内设计在环境设计应用方向的意义与价值　　郑曙旸

作为最后一个演讲嘉宾，我还负责解释这个活动的含义。

我们这次演讲是按照四个一级学科的顺序来安排的，大家听下来已经了解了，其实环境设计学科是其中最年轻的，它的理论架构到今天为止还明显不成型。

我今天的演讲分为三个部分：

第一，前言。

这次改组之后的学年奖的最大变化，是不想延续之前的教育年会。大家如果参加过前12届，会发现虽然原来的会议名为"教育年会"，但其实说的不是教育的事，而说的是"设计"。今天的学年奖定位为"教学"和"教育"层面。设计学和环境设计的名目得到确立是很晚的事情，当时建筑学一分为三，设计学是由于艺术学升级为一级门类而出现的新情况。设计学科作为最不容易被决策者接受的一级学科名称，反而最容易脱颖而出，成就了环境设计。原来还有一个专业叫做工业设计。在国际上，工业设计是非常成熟的概念，而且与工业现代化进程完全吻合。但是在我们国家，工业设计这个专业名称很有意思。当时处于中央工艺美术学院时期，最早在我们学校建立了这个学科，20世纪70年代就有，我上学时叫做工业美术系。在我们国家的传统观念里，最早的设计学概念是工艺美术，只是后来由于进入了特种工艺的误区，在社会理解上都有些偏了。关于这一点，我在今年第四期《装饰》杂志上发表了一篇文章，正是通过写这篇文章，我才真正弄明白为什

么中央工艺美术学院最后没了。这件事不是今天的主题，但我必须要说，就是在社会层面上，根本没有把我们所说的设计学认为是艺术与科学结合的一个学科，只认为是在画画。我十几年来在清华大学遇到各个理工学科时，被问到最多的问题就是：怎么你们也是搞设计的？你们不是画画的吗？这是由于我们国家从1952年的院系分科以后，艺术与科学被彻底分家了。所以设计学中环境设计学科名称的确立，看似容易，实际上是很难的一件事情。

从国家层面上看，教育是教什么？我认为环境设计应该教育三观：价值观、审美观、设计观。

大家知道，现在环境设计的简称叫环艺，这个没错。当时在中央工艺美术学院里，环境设计系最初的系名就叫环境艺术系。当时所有人的理念都不是去做环境，而是去做产品，而我们这个专业如果仅是以产品为目标来做的话，一定会走入狭隘的误区，过分强调所谓的形式感。过去一年，方老师提出了一个主题叫做"走向环境审美"。我在环艺系很长时间了，1977年入校，1982年毕业任教。非常有意思的是，一直到今天，居然在我们原系的老师中我很难找到跟我在学术思想上完全吻合的人。而恰恰是与方老师写我们秘书处这段话时获得了共鸣，如果没有这样一个契机，我们不可能进入吴良镛人居环境的层面。我们的理论架构很不完整，这一点恰恰是我进入清华大学以后才真正明白的。当

时我所有的研究生在选择课程的时候发现只有吴良镛先生的人居环境课程是能作为真正意义上的理论课来学习的。所以无论是博士生也好，硕士生也好，都选了这门课。

这门课的基础就是2011年吴良镛先生创建的人居科学，获得国家最高科学奖。当时的国家主席胡锦涛提出了科学发展观，这个课程内容正是科学发展观在我们这个领域的理论支撑。

再接下来，我们就没有必要再为环境设计另外建构一个理论，因为我觉得人居环境科学理论已经说得很清楚了，我们只需要定位专业指向。我们叫环境设计，我们到底是干什么的？我是谁？这是一个最原始的问题。

一级学科来得这么仓促，这学科是在做什么？原来我是艺术学科评议组的成员，从2011年开始做到2013年，最后出这本书，最后将环境设计定位为人居环境的微观系统。时至今日，由于现在信息的爆炸，一些官方的声音其实并没有真正引起大家注意，这就是我今天为什么要把吴先生的东西再拿出来，给大家看。在座的虽然是环艺出身，但其实也并不很清楚这些，我们进入清华才理解，这里面包含的内容很多，不可能在这么短的时间内了解，只是先知道。

空间最核心的是"人"，人居人居，人是要居住在房子里的，这是最后的目标。无论是有城市设计还是建筑，最后人在晚上都要有栖身之所，人的能力和精力都是有限的，不能包打天下。吴良镛教授的人居环境科学

最大的特点就是它的开放性，而且有不断的拓展性。原来环艺专业的各位同仁、各位同学，我相信很多人并没有认真看过吴先生的人居环境科学理论，需要反过头来研究一下。设计学环境设计专业正名的缘由，是有一个发展过程的。

学位授予和人才培养的一级学科简介中，对环境的表述有三段话。里面最核心的一点是环境设计以环境中的建筑为主体，在其内外空间综合运用艺术方法与工程技术，实施城乡景观、风景园林、建筑室内等微观环境的设计。定位非常清晰。因为我们在教学中发现一个很有意思的现象：所有学习环艺的同学都愿意往上走，不愿意往下走，甚至会一度认为无所不能，但真正进入专业层面会发现事实并非如此。

接下来我与大家分享三个案例。在讲案例之前，会介绍一些背景情况。今天选的三个案例是获奖案例，但不一定是金奖、银奖，而是我选择出的目前在环境设计教学中出现的一些问题，有好的方面，有差的方面。既然是专业交流，我在讲的时候会实事求是地进行分析。

我认为关于建筑和室内，两种文化的建筑与理论，理论与实践在全世界呈现出不同的状态。哪两种理论呢？一种是中国古代建筑的系统，一种是西方古代建筑的分类。为什么一个用系统，一个用分类？这一点我一会儿进行解释。

这里从两本书来讲，一本是《营造法式》。是从建造的过程出发，中国古代只有匠人，没有建筑师。实践都是从建造开始，而不是从画图开始。画图开始就不是中国的传统。从建造开始，才有大木作、小木作，其实小木作就是装修作，也就是我们现在所说的室内。但是在传统上并不分开，而是一个完整

的系统。从建筑结构到物理环境，再到室内装修装饰等，是合而统之，绝对不能分割的。

而西方古代建筑实际上是分类的，从最初就是如此，我在这里也选一本书的话就是《建筑十书》，书中包括画图和构造的流程。在西方，一个建筑常建造几百年，而我们的建筑可以很快建造起来，这其中的区别在于各个方面，既有材料上的，也有理念上的，当然也有信仰的问题。我的看法是，它是一个分而治之的工程体系，导致了目前我们所知的状态。

三十辐共一毂，当其无，有车之用。

埏埴以为器，当其无，有器之用。

凿户牖以为室，当其无，有室之用。

故有之以为利，无之以为用。

——老子《道德经　第十一章》

老子这段话在我上学的时候，尤其是20世纪80年代，无论是建筑院校还是室内设计院校，都在不断地提，以至于最后引用都不愿意引了，但我后来发现，进入21世纪之后便很少再引，再也没见过。

接下来我引用梁思成的一句话：至今为止，世界上真正实现过建筑设计标准化的只有中国的传统建筑。为什么要这样说呢？室内设计的概念是西方传统所延续的概念。在中国人的观念中，并不存在室内室外的区分，本身是一体的。我选了香港学者著作上的一句话，我觉得这个写得很到位：家庭，什么是家庭？那就是又有房子，又有庭院。不像西方，尤其是中世纪的古城堡。这就是两种文化。但遗憾的是，我们后来把老祖宗的基本全给忘掉了。我们彻底把室内和室外分家了，造成了室内设计专业的尴尬境地，建筑

学成为一级学科之后，下面出来二级学科室内设计，在逻辑上没有一点问题，但我们走了多长的弯路。

接下来谈谈建筑室内的理论与实践。它的社会表征从1949年到1979年，在我们学院人来看，它已经不是建筑学了，而是成为建筑工程学了。去年在申请室内设计师资格列入国家职业资格系统的时候才知道，能够进入国家职业资格系统的必须是工程技术人员资格评估，如果搞艺术，没必要进，你又不会盖房子，只要不出人命，为什么要评估你行还是不行。而进入的恰恰不是室内设计师，国家职业资格里面有一项是室内装饰员，是工匠层面的，拿到室内设计员资格跟拿到电工资格是一样的，并不意味着设计。我今年才彻底弄明白，非常简单的道理。这就是由于建筑学在1952年院系分科以后进入了纯粹的工科状态所造成的。

今天很多教授谈到了美，美绝对不仅是表现形式，它是艺术的最高境界，但是对它的理解，今天社会上绝大部分人只将其认识成物质表象，这是不对的。下面所提的适用、美观、经济，是中央工艺美术学院在建院之初对"工艺美术"的界定，实际上也就是对现代设计的界定，是一个不容更改层序的重要排列。这里所说的"美"就是真善美统一的"美"。

关于这些，我的岳父在1957年之前的论述中写得非常到位，迄今为止，还没有一个人超越我岳父当年的论述。但由于1957年反右，他被打成右派。当时中央工艺美术学院面临着三条道路的选择：一条是手工作坊式的。第二条是现代设计，也就是现在所说的设计学基本理念的道路，这条路由于庞薰琹被打成右派，最终没有走下去。最后，第三条，中央工艺美术学院走了一条什么路呢？就是

以装饰艺术为理念的一条路。这个理念带出了建筑装饰业和室内装饰业这两个词，是怎么来的？我们的系名一开始是室内装饰系，后来改为建筑装饰系。建设部下面设一个建筑装饰协会，轻工部下面设一个中国室内装饰协会，当时我们痛心疾首，怎么叫这样一个名字。因为装饰在一开始也是设计的代名词。如果大家知道蔡元培故事的话就会理解。

这最终导致了室内设计专业的尴尬境地。第一，我们在国家层面上没有这个职业，更不要说成为注册室内设计师。所以后来建筑学会室内设计分会套用欧洲概念，叫做室内建筑师，而这个概念没有被决策层认定，前后努力了30年，到今天也没弄成。第二，它之前从未进入过国家高等学校专业目录，一直到2011年，才到建筑学下面出现，但二级学科是被特意淡化的，所以我今天不谈环境设计二级学科，而是用了环境设计应用方向，道理就在这儿。

这一方向的自身发展受困于建筑装饰和室内装饰。从概念上说，我不认同建筑装饰的概念，建筑学就是建筑学，它是一个自然形成的统一体，它的艺术与科学应该统于一身，再来一个装饰，装饰什么呢？室内装饰能说出道理，但室内装饰又走的比较偏，当然这点也与我们讲的环艺专业有一定关系。任艺林老师的博士论文就是研究中央工艺美术学院的那段历史，发现20世纪80年代这一段虽然都在讲环境艺术，但是大家讲的词一样，内涵完全不同。我们讲的环境艺术实际上就是现在所说的环境设计，并不是真正的环境艺术。大家如果了解现当代美术史的话，就知道环境艺术是进入20世纪之后，西方诸多艺术流派当中的一种艺术观念，它从来没有成为一个真正意义上的艺术流派，只是一种观念而已。

空间艺术是怎么一回事？环境艺术指向是什么？什么是本质？遗憾的是潘昌侯这篇论文从来没有正式发表过。（潘昌侯 《"无之美"论空间美》1981年9月）我觉得，华夏文明创建的营造体系举世无双，现代建筑的理论与实践滥觞于东方。

下面讲讲案例。

从这个案例来看，它的副标题是"喀什博物馆展示设计"（图1），各方面做的很好。但是如果按照展示设计这个概念去看的话，最后一步没做完。展示空间我们做过很多，往往是到真实展览的时候，再有一批人去搭建展示。搭建展示的时候发现原来的设计不匹配。因为做展示的最核心是展纲，一切根据展纲来展开，与建筑设计在某些情况下很像，在某些情况下不像。所以我是根据展示设计的标准来看待这个案例。

先从气候分析开始，还有通风的分析、光照的分析，这些内容应该是建筑设计涉及的内容，夏季、冬季都有气流的分析。我认为这些都属于建筑设计层面的内容。做展示设计时考虑到整体完整性，我认为可以有，但是在整个比重上要考虑好。接下来基本是整体空间的概述，包括东立面、西立面，这些也都没有问题（图1）。问题出在最后一个环节，既然是展示设计，即使没有一个项目，也必须自己造出一个项目来，展示项目与建筑如何匹配。如果题目叫做"建筑设计"就没有问题。但问题在于题目是"展示设计"，看到最后就缺了"展示设计"的内容。

这个如果参加建筑设计的比赛，能不能得奖，我要打个问号。而谈到展示设计，严格来讲，展示设计是室内设计的一部分。我认为室内设计的内容可以分为三大块：一是要有空间整体规划；二要有装修设计；三要到陈设层面。室内设计做不到陈设层面，等

于没有完成室内设计，这一点必须清楚。

在平时教学当中，室内设计的图1：100的时候怎么画家具，1：50的时候怎么画家具都教得很清楚，因为这是有理论依据的。大家都知道，我们国家外交官公寓的室内设计应该是要代表一个国家的文化和国家的形象。但是在过往几十年涉外的设计经历中，我发现实际上水平太差，不是一般的差。绝大部分的成果像是乡镇企业家住宅，根本谈不上是大使公寓。我前两年做过一个项目，外交部设定关于驻外使领馆的环境设计标准，当时做的非常细。在技术环节，你选什么样的家具必须在图中画上什么家具，那个家具不能是一个符号。比如沙发，这个沙发是低靠背还是高靠背，这是有讲究的。在外交场合中，使用什么样的椅子、放在什么样的位置，是非常有讲究的，不是开玩笑的，我们在这方面还差得太远。

最后这套标准做出来了，但是我心里明白，外交部不会按照这个去执行。因为现在没有这个条件，大家意识没有到位。还有一个例子非常典型，驻外使馆做的最好、最豪华的是美国大使馆，是建筑设计师贝聿铭设计。但是我们不让他做室内设计，因为要做室内设计还得再花一笔钱，于是又聘请大家来做室内设计，一流的设计院——国家设计院做的。最后我到现场一看，实在是没法接受。比如有些沙发的位置摆的不对或者高度不够，配的画正好是一个横线条，画挺好看，但是人过去，画太低，人脑袋把画切一半。陈设陈设，好像就是一幅画，画什么题材，挂多高，什么框子，太讲究了，差一点都是不行的。比如中央美院的当代顶级艺术家徐冰，他的作品就是因为自己没有去现场，材料选错了，现场一看就像一堆破烂塑料片，非常不到位。本来很好的建筑，千万不要把陈设这一步给

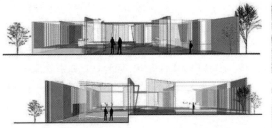

图1   图2   图3

忘掉，如果这一步不做，绝对不是完整的室内设计。

第二，环境审美的价值。

环境体验与审美引导的关系？理论研究与实践创造的关系？

我认为环境体验与审美引导是环境设计最关键的两点，走向环境审美的主题以人在环境中的体验为首要。这种环境关系是审美引导的一个重要设计方法，是讲究关系的。你这个东西再好，两个东西都很美，放到一起不协调，那就不能用。所以环境体验的价值内容我认为是三层：调整关系——人与人交流的环境体验价值评价，重建联系——人与自然和谐的环境体验价值评价，协调整合——人与社会融汇的环境体验价值评价。你做不到这三层，人居概念就到不了位。

环境关系审美引导的设计方法，我认为就是走向环境审美：协调、重建、整合的设计方法，以时间意识为主导控制人类行为的空间设计方法。

理论研究与实践创造的关系：环境关系——物理、事理、情理特征的理论研究。环境场所——创意、表达、物化全链的实践创造。理论－实践－理论PK实践－理论－实践。

第二个案例是哈尔滨工业大学建筑学院的。

这个案例犯了一个大的错误：不应该用英语（图2）。为什么？从两个方面说：使用英语应该是在大家都对它很熟悉的情况下，而评委里你能知道大家都是英语很好？另外，大量的推导过程基本上都是在教科书上可以看到的。昨天在评选过程中，评委没法关注。做的首先是什么设计？虽然说是室内设计，但实际上是什么？大家要转几个脑子。国际化不是在这个时候国际化，既然是中国人居设计学年奖，所以还是要用中文。再加上我们也犯了一点错误，关键图出得太小，其实分析的很到位，一看就是建筑功底非常好的，做的各个环节分析都很到位，艺术表现也很到位，我认为可惜的就是语言上的问题，关键性的文字不去用外语就好了。

另外，有时候设计表达的关系又不真正到位，既然是这样表达，那你应该有数据。没有数据就不知道这个分析有什么意义，所以必须要把数据放上去。分析都很到位以后，在表达上又有问题，有平面图和立面图，但又不太严谨，像这样表现的时候，它的平面图和立面图都感觉像是装饰，而不是正式的图纸。要按照建筑制图规范来画，不能把建筑制图当作建筑的符号来表示（图3）。当然，效果图画的也很好，问题出在哪儿了呢？出在第二个环节，就是设计学四大部类的其中一个：思维与表达的表达环节。

如果严格按照室内设计来评的话，这个案例也没有完全达到室内设计的要求。为什么说没有达到呢？照明等都有了，但都是建筑层面上的。唯独缺了最后一个环节——家具。不是说这里面都要有家具，而正是因为我们在设计上缺失这种环节。造成了大家平时可能有的这种感受，我们到很多地方去，想坐的时候没有地方坐，该坐的时候没有地方坐，偏偏不该坐的地方有椅子，椅子不能坐人，只是摆设。

最后，专业教学的定位。

我们的环境设计应用方向是什么？室内设计专业定位是什么？

环境设计的应用方向是三个，但不是让大家去做宏大的事情，那不是我们能够驾驭得了的。从我多年的教学经验来看，人的素养是有差异的。我们做室内设计做惯了，非要让我做几百平方公里的设计，简直无法想象。同理，做城市规划和建筑的人，尺度规划也不一样，建筑师习惯于以米为尺度，让他做室内，他会觉得这有什么差别，差不多。所以我认为为什么有些大师能够做到呢？他能够转换，但这不是所有的人都能做到。

微观有微观层面的东西，其实同理，就差那一点点，那一点点不到位就是不行。这一点我们应该向日本人学习，以马桶盖为例。我们需要重新来看室内设计专业的定位，室内设计知识体系的教育定位，室内设计系统控制的教学定位，家具陈设环境关系的微观定位。

室内设计知识体系的教育定位包含四方

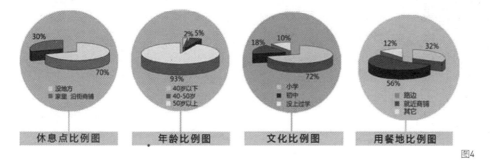

休息点比例图   年龄比例图   文化比例图   用餐地比例图

图4

图5

面：室内设计的历史与文化。室内设计的思维与表达。室内设计的工程与技术。室内设计的经济与管理。

从设计程序上应该有四个环节，每个环节都不能缺。先要定位，才后有概念，然后是方案，最后是实施。当然我们专业不像其他一些专业，很难最后实施，涉及到很多社会问题、经济问题，但是这个环节必须要在教学时很清晰。未来的作品交上来一看，就应该每个环节都说到，没说到就是没做完。四方面的教学方法我认为应该不一样，第一个是互动的，第二个是推导的，第三个是实验，第四个是模拟。

家具审美取向成为陈设艺术的主题定位，最后这个还没有最终确立。我提出一个新的概念，就是以家具陈设环境关系的微观来定位，培养3米之内的环境细微变化的敏锐感觉。新中国以后的建筑，基本上都是3米开间，3米之内的感觉是属于第二层级的。

我用了孔子《大学》中的一段话，我觉得很到位。包括墨子的本质是什么，然后是推究情理，最后是用于实践。

大学之道，在明明德，在亲民，在止于至善。知之而后有定，定而后能静，静而后能安，安而后能虑，虑而后能得。物有本末，事有始终。知所先后，则近道矣。

——孔子《 大学 第一章》

最后一个案例，广州美术学院城市学院的案例。

这个案例关心清洁工的休息问题。也是从现状分析入手，整个的状态就是环卫工人的需求。因为最近北京雾霾天气严重，环卫工人受到高度的关注，北京电视台有报道描述环卫工人早上4点就起床，如何去清扫，一些爱心企业给环卫工人提供免费早餐。环卫工人在那么严重的雾霾天里露天用餐。需求状态没有问题，整个分析也很到位(图4)，概念的演绎过程也很到位，休息站需要有哪些功能等功能演化都进行了分析。最后到平面尺寸环节，环卫工人不需要一个体量太大的空间，也就是个临时歇脚的地方，这个案例倒是在家具的层面，对存物的可能性进行了大量分析。

根据我的生活经历，我们可以商讨，在这种情况下弄那么多的格子是否必要，因为它是一个临时的空间，他的着眼点分析结果和环卫工人的实际情况不太相符，还是按照家庭住宅的收纳思路在思考(图5)。最后看下来，主要的家具分析在这，我认为这些东西都应该放在明面上，而不是很封闭的。最后做出来这样的案例，当然比没有类似的空间要好的多，但我总感觉针对生活现状的调研还不够深入。按照我的经验，环卫工人的生活状态不是这样，临时性的歇脚弄的太过了，反而没法实施。最后作者考虑用反射玻

璃，但是这种材料的造价和不耐久性，过不了几天就会碎。别说这种玻璃，现在很多薄薄的铺路石板都过几天就碎裂了。这种设计思路比比皆是，问题在哪儿呢？在于生活状态和家具的匹配，虽然设计进行到了家具程度，但它依赖于什么样的生活行为，还是研究的不够到位。

我好像有点吹毛求疵，但既然有这样的机会，就需要把问题谈透。

走向环境审美的室内设计是体现环境设计应用方向意义与价值的核心专业。我在前面有铺垫，我认为中国人传统的室内观念里就是含有室外的含义。为什么我们这次人居环境设计学年奖在最后一个环节把环境设计的操作层面定位于室内设计呢？如果我们把室内设计定位为我们的专业，它达不到大学层面的理论高度。只有到环境层面，才能使培养出来的学生有很高的起点、很高的境界，才能真正做到对城乡规划、风景园林和建筑体系贯彻到最后末端的微观处理，最后走向环境审美。如果理论不到位，我们无论如何也发展不到理想的状态。

谢谢大家。

论文集

环境意识进阶   方晓风

　　"环境"一词并不是源于某个专业，也不针对某个专业，这个词的应用如此广泛，几乎可与"爱情"这样的词汇相提并论。一方面，大家似乎心照不宣地认为对此概念有共识，另一方面就如一千个读者心中有一千个哈姆雷特，真正的理解可能相去甚远。这里既有语言的困境，也有人心的不可捉摸。对建筑讲环境，是一件颇为尴尬的事情。这个专业曾经流行的戏言是：建筑是建筑师的纪念碑；如此，环境之于建筑师就是表演的舞台，衬托主角的配角，甚至是某种充满敌意的暗示。当然，这样的解读未必准确，作为这一专业的学徒，笔者可以仅从自身的角度来谈谈对环境的认识，这个过程还真不是那么简单。

　　首先，建筑师对环境的认知是源于自身的一种完善。在还未毕业时，经受的第一个震撼是在刊物上看到对丹下健三的某个作品的介绍，建筑师不仅设计了建筑和室内，甚至设计了餐厅的菜单和餐具，细致到菜单上的字体也是建筑师意志的反映。这显然构成了一种审美上高度统一的小环境，走进这个酒店，犹如进入了这位建筑师掌控的一个小小王国，很有成就感吧。当时感叹的不仅是建筑师的控制力，也羡慕他怎么能遇到这么配合的业主甲方。这样的建筑确实可以称为某位大师的丰碑，在一个自足的世界里，建筑师实现了一个自己的梦。对于早先的那批世界级大师来说，这样的案例也不算什么孤例，只是层度不同而已。弗兰克·赖特的住宅设计，总是包括家具设计和室内设计。这

图1 汇丰银行室内

对于建筑师来说，是建立"环境"意识的第一步，环境意味着一个整体、一个系统，而不仅仅是建筑的壳。但这显然不是真正的"环境"意识，因为此时建筑师关注的仍然是自身创造之物所形成的小环境，而并不关注建筑何以立身的环境。

　　要说建筑师能走到这一步也不容易，看欧洲建筑史漫长的历史演变，我们很清楚地知道，建筑物的室内和室外相匹配，差不多要到文艺复兴时期才算真正做到。晚期哥特的某些建筑也能有此成就（中国建筑的情况不一样，另外讨论，且目前影响我们更多的是欧洲建筑史的成果）。这一小环境的内部统一与和谐，对设计者来说也是煞费苦心的工作。今天由于房地产的发达，建筑的建造过程更被细化到不同专门阶段，这种小环境的整体效果之达成，有时还不仅仅是设计者的意识问题，还包括整个产业环境的问题。印

象很深的一个案例是，香港的汇丰银行新楼启用时，媒体在报道时特意指出建筑内的家具并未定制（考虑费用的节约，但这楼是当时创纪录的高造价），而是设计师在市场上精心挑选已有的产品，但整个环境的整体感依然出色，使许多人误以为是定制的云云（图1）。这个案例，恰好开始说明，产业的整体环境提供了坚实的基础，建筑作为一类产品，能找到适用的配件。这种操作手法，毋宁说是为了进一步强化表现工业感，或工业化思维，而不只是为了降低费用。同时也说明，机器美学在西方经历了几十年的发展，已然深入人心，并蔚然而成一个体系。

　　学生时代，经常听到的另一个故事是张开济先生设计的天安门城楼两侧的观礼台，几乎可称为隐形建筑，不经提示，很难注意到它的存在（图2）。即使专门去看，由于形式上的克制，并且采用了与城墙一样的红色，

图2

图3

图4

这观礼台与整个环境浑然一体，甚至让你觉得它一直在那里的错觉，确乎是高明的设计，可谓凝炼的一笔。建筑师很好地处理了配角与主角的关系，恪守了配角的本分，这个故事之所以成为经典，源于建筑师长期所受教育是如何表现自己的成果，而真正能做到这样的太罕见了。在学生时代，这也就是一听而过的故事，并不构成学习的主流，况且这个项目似乎也太小了，并未让人留心多想。与此相似、更常见的项目是历史建筑的改扩建，与新建项目不同，这类设计必须考虑既有的环境。新与旧之间会产生一种类似对话的效果，对建筑师的考验很大，许多名作都诞生于这样的项目之中。贝聿铭的华盛顿国家美术馆东馆，与文丘里的伦敦国家美术馆东馆，采用了完全不同的策略，但都取得了很好的效果，说明策略本身并不是关键，如何解读既有条件，并尊重既有建筑，才是题中要义。总体而言，这类项目是对建筑师的逼迫，建筑师完全被迫地来思考环境关系，还不成其为主流。

弗兰克·赖特的流水别墅如此著名，带我们进入了环境关系的另一重境界，他提示出，环境可以是造就建筑的重要资源（图3）。在此基础上，他提出了有机建筑的理论，希望建筑与其所处的环境，呈现出一种有机的状态，使建筑看上去是从环境中长出来的，有着场地的特殊性。这无疑是一种相当理想的境界，但其中也不无弊端，赖特对环境关系的着眼点还是出于传统建筑师的立场，即出于形式创造的角度，他是从画意的角度来

图2 天安门观礼台
图3 流水别墅
图4 上海田子坊住宅改建（如恩事务所）

从环境关系出发构思建筑形态，而不及其他。同样是赖特，在设计约翰逊制腊公司的大楼时，他认为建筑所处的环境很糟糕，毫无可取之处，采取的策略是整座建筑都采用高侧采光，只从外部引入光线，而拒绝让建筑的使用者与其环境有视觉交流，此处是否感受到一点独裁者的气息。尽管建筑的立面并不沉闷，有长条的带形窗，但此窗的高度与人无关。然后，建筑师在内部营造了一个标新立异的空间形态，独立的蘑菇状柱子构成了奇特的结构体系，并为此专门进行了试验以检验其强度。我们惊叹于大师创造力的同时，也不得不对其环境观有所反思，他的环境观强调的是建筑物对于环境资源的占有，有利则取之，不利则屏蔽（《园冶》中也有"嘉则收之，俗则屏之"之语）。这固然是一种环境观，但这是一种基于占有的环境观，有时虽然关注到了环境，但未必是采取尊重的态度。流水别墅是这种环境观的典型代表，美则美矣，小溪的独立性丧失了。建筑与环境的关系，是支配者和占有者的角色，这种关系在照片上看毫无问题，但在实际使用中却给使用者带来很大困扰：噪声难以克服（在当时的技术条件下），小溪水位的起落变化会侵蚀到建筑内部。这是开创性作品难免的问题。事实上，业主考夫曼家族也并未真正享用这座建筑，而是将其作为一件特殊的艺术品供奉，最终捐给了当地政府，流水别墅变身为一座向公众开放的建筑博物馆。

作品存在的问题不能掩盖赖特独特建筑思想的价值和魅力，无论建筑师是否标榜有机建筑的理论，越来越多的建筑师在创作时将目光投向了场地外围更开阔的空间，这种意识蔚然成风，从而中诞生了许多优秀的作品。对环境资源的重视和关注造就了许多建筑师，但这种重视和关注的立脚点是可以深

图5

图6

图7

图5 威尼斯圣马可广场

图6 美国纽约市古根海姆博物馆初建成时的环境关系

图7 古根海姆博物馆二期工程建设之后的效果，新建部分遵从了原有的环境关系，并使背景更为单纯

入探究的一个问题。这里提出的一个案例是如恩事务所新近完成的一个项目——上海田子坊的一座里弄住宅的改建，如恩事务所凭此项目赢得了2014世界建筑节的新旧建筑单项奖（图4）。得奖似乎验证了项目的品质，但我仍然要一吐微词为快。这是一个当下盛行的媒体建筑的典型代表，此媒体建筑要区别于以建筑作为媒体来看待的一种流派，而是以在媒体上发表照片为能事的设计取向。这个项目所使用的新旧关系，是截然的对比，为此甚至扒掉了一个旧建筑的立面，手法粗暴，当然也取得了夺目的效果，旧建筑成为背景和基底，衬托出新建得部分格外通透和前卫。具体的细节不在此一一展开，哪怕从功能和技术细节上都有许多值得商榷的地方，单就这一手法所反映的态度和价值取向，就值得反思。建筑师还是不能从作品的自我中心中自拔的话，对环境的关注，往往也意味着对环境的粗暴干涉，甚而是颠覆性的结果。在此，也对这一奖项的颁奖标准表示质疑，不知道奖项所要倡导的新旧关系到底是什么？

文明是一个累积的过程，在城市化程度越来越高的今天，建筑师大量的项目都要面临处理新旧关系问题，有的是在一个项目之中，有的是与相邻的建筑发生关系，这已是一个带有普遍性的问题。早期现代主义者表现的是一种砸烂旧世界，创造新世界的英雄主义情结，已在历史的洪流中渐渐平息，今天更多要求我们如何友善地与环境共处，与历史对话，并在此基础上创造出新的价值。都说威尼斯的圣马可广场是欧洲最美的城市客厅，殊不知这座优美的广场是由多栋完成于不同历史时期的建筑围合而成，若这些建筑师的心中没有一个大的愿景，都以突出地表现自己为能事，则很难想象它能成为最美

的客厅。其中尤为值得说道的是总督宫，毗邻圣马可大教堂，无论是其地位还是区位都十分重要，但在这组群体关系中，采用的是一种既低调又不失身份的策略。说低调，是建筑比边上的大教堂退后了半个身位，同时整座建筑的立面没有大的起伏，保证了大教堂以其饱满的穹顶所形成的视觉焦点的地位，整个总督宫是一个尊贵的配角，谦恭地退居一侧，不与大教堂争锋（图5）。但建筑的立面，在细部这个层次，又采用了华丽的石材拼花这一手法，细看之下，马上可以感觉到其身份的不凡，因此也赢得了黄金府邸的美誉。围绕广场的建筑在底层都设置了可以互相连通的柱廊，这些建筑的落成时间相距300多年，但基于对广场的共同认知，才造就了这非凡的杰作，这是到今天仍有教育意义的案例。

基于尊重的新旧关系处理呈现出完全不同的面貌，其中知名的案例是纽约古根海姆美术馆（图6）的扩建项目（图7），建筑师是格瓦斯梅。格瓦思梅早期是"纽约五人"中的一员，他在面对巨大挑战的时候，用的是四两拨千斤的策略。赖特的古根海姆美术馆是现代建筑的名作，并且造型独特，其形体直观地反映内部的流线逻辑，对其形体的增删都是不智的选择。格瓦斯梅轻描淡写地在美术馆后面加了一座方方正正的高层建筑，也没有采用白色，仿若给白色的老建筑衬了个背板，使得原有建筑的造型更为鲜明，方方正正的高楼衔接纽约曼哈顿地区普通高层建筑的状况，不同的是这座建筑的立面更趋简化，这是基于环境解读的神来之笔，显示了建筑师敏锐的洞察力。新建筑立面上的四道凹槽，则呼应了老建筑的形式特征，举重若轻。而从实用的角度评判，这个加建工程也相当实在，因为方方正正的高层建筑委实增加了不少面积，很好地解决了美术馆的问题。

图8

图9

图10

图11

图12

事实上，基于尊重的设计，不仅体现在形式层面的处理，在城市空间关系和社会关系的考量上也日益体现出较高的权重。台北演艺中心的竞赛让我们看到了两个有趣的案例，分别采用了不同的策略（图8~图12）。两家来自荷兰的事务所，OMA 和 UN STUDIO 提交了两份精彩的方案，最终是 OMA 赢得了竞赛并进入实施阶段。UN STUDIO 的方案从城市的肌理出发，设计了一个巨大的矩形框架，大大小小的开洞呼应了一般城市建筑的面貌，其独特之处是立体化地布置三个剧场的体量，由它们构成了一个半开放的城市空间，内部的交通呈现出十分活跃的都市氛围。OMA 的方案更胜一筹的地方在于，不仅从形式层面有所思考，而且深入到了城市关系的重新组织，包括对剧院建筑的城市定位。其思考的问题包括：首先，传统剧院于城市而言是个黑盒子，一方面效率低下，一方面与城市之间缺乏交流；其次，所用场地原来是台北市有名的夜市，新建筑是否要驱逐这些城市活动，尤其对于剧院这种上演高雅艺术的场所？最后，三个剧场意味着三套前厅、观众厅和后台的空间构成，从提高效率的角度出发，有无可能整合？显然，他们的答案是通过新建筑进一步增强城市的活力，因此采取的策略也很有针对性：首先尽可能地架空地面层，收缩建筑的占地，

以期保留部分夜市的摊档；其次，设计了一条公共流线，对于不购票看演出的市民也可以在建筑中游走一番，以此沟通了剧院内外的信息交流；最后合并了三个剧场的后台部分，提升了空间效率。此举不仅使收缩占地成为可能，也为剧院提供了一种新的灵活性：一旦将三个剧场间的隔断打开，可以形成一个超级剧院，三个观众厅同时欣赏一场大型演出。在 OMA 的这个方案中，对这些关系的解读成为整个项目构思的切入点，而不是寻找形式的灵感，建筑在社会学意义上的价值被放大，这是其获胜的主要因素，也体现了记者出身的建筑师库哈斯的独特视角。

尊重并不意味着放弃建筑师创造的才能和形式探索，但出发点和立足点的不同导致结果的面貌有天壤之别。建筑师（广义的）的环境意识某种程度讲也是社会的倒逼作用，历史学出身的芒福德，记者出身的雅各布斯改变了人们看待城市的视角，《查尔斯王子》的电影抛开争议性的观点不说，也对建筑师的精英姿态构成了巨大挑战，在这个过程中，我们或许可以说，建筑反而渐渐回归了它的本质，而不再是权力表现欲的附庸。

本文最后试图解释的一个现象是，相较于欧洲建筑史呈现出的风格迭进，亚洲尤其是中国的建筑面貌并没有呈现出类似的现象，这个问题过于宏大，很难一言以蔽之，但此处提

图8 台北演艺中心

图9 台北演艺中心内部效果图

图10 UN Studio方案1

图11 UN Studio方案2

图12 UN Studio方案3

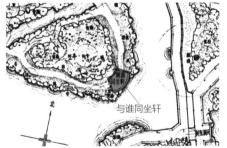

图13

图14

图15

示的一个角度是，中国的空间审美观念也不同于欧洲，我们拥有自己独特的环境审美传统。这种环境审美传统，有学者以环境美学名之，其特点在于，我们对环境关系的重视远甚于建筑单体的形象。这可以在中国传统园林中得到验证。长期以来，受建筑师研究园林的影响，许多人对园林的关注更多地放到了园林建筑上，而园林中也确实有少量造型独特的建筑。但更深入地研究园林，不难看出，大多数园林建筑的形式也是相似的，造园更看重的不是建筑单体的形象，而是由建筑、山水、植物一起构成的景观系统，这一系统的特殊性真正造就了不同园林独特的个性（图13）。因此，当代人对传统园林的模仿，往往不能展现其应有的风采，原因即在于此。

中国园林首重文学性，与山水画和诗词的关系密切，意境的营造和实现，仅仅依赖建筑是不现实的。中国园林的另一重要特征是其空间层次和景观的丰富性，有步移景异之称。设想建筑是固定不可变的，步移景异的效果究竟如何实现？其中关键在于两种处理手法：一曰媒介不同则景不同；一曰环境配置的灵活多变。园林中设置了大量形式各异的洞口，就是为了增加媒介，而相似形式的建筑，由于地形处理的不同，以及与植物、山水的关系变化，而呈现出迥异的面貌，某些建筑来去两个方向看到的感受完全不同，

使人误以为又到一处新景点，实则只是方向变了。因此，只有几千平米的网师园，游客在里面转两个小时仍意犹未尽。无论哪种手法，都可以看到，如果不利用环境关系进行设计，则无论如何达不成丰富性的效果。中国园林的建筑比重较大，尤其到了晚清的园林更甚，但园林建筑本身也不仅是观看的对象，同时也是观景的重要媒介，透过建筑看山水花木，或者透过山水花木看建筑，不同的观看方式带来了不同的景观感受，空间也在这种丰富性中得以扩展，所谓小中见大，即由此而来（图14、图15）。

或许由于对环境关系的重视，使得建筑单体缺乏发展的动力，如果我们不把眼光局限于单体，而重在考察整个建筑或园林的整体格局上，那么也可看到，在这个层面，随时间的变化，也不乏较为明显而重大的演进。可叹的是，我们近百年的建筑教育体系，深受西方的影响，亦步亦趋，虽然在开始就设立中国建筑史的课程，但更多是从中了解传统建筑的样式特征，而缺乏在审美意识层面的深入探究，使得自身优秀的传统不能发扬光大，甚而引来奇奇怪怪之讥。回到开头的话题，环境话题如此之大，一篇小文不能遍及，以进阶名之，并不是说这个顺序是历史的顺序，只是以个人的学习心得为线索，试图略作梳理，以此求教于各位方家。

图13 苏州狮子林扇子亭与苏州拙政园与谁同坐轩平面环境比较

图14 苏州狮子林扇面亭

图15 苏州拙政园与谁同坐轩

面对挑战的中国文化遗产保护   吕舟

"保护遗产到底是为什么？"这是一个本源性的问题，也是联合国教科文组织总干事伊琳娜·博科娃（Irina Bokova）在第 38 届世界遗产委员会大会的一个活动上提出的问题。对联合国教科文组织而言，遗产保护服务于它的基本宗旨，即不同文化间的相互尊重、对话，和平发展，减轻贫困，最终实现人类可持续发展。这是联合国教科文组织推动和促进世界遗产保护的最终目标。

对于中国的文化遗产保护而言，如何看待保护与发展的关系，如何在社会、经济快速发展过程中强调对遗产的保护，使遗产保护更有力地支撑社会、经济的发展，则始终是中国文化遗产保护面临的最根本的挑战。

2014 年是中国文化遗产保护取得重大成就的一年，丝绸之路：长安－天山廊道和中国大运河成功列入《世界遗产名录》，见证了中国在大型文化遗产保护方面所取得的巨大进步；《中国文物古迹保护准则》修订版的完成，反映了中国在文化遗产保护理论和实践两方面都已形成了反映中国文化遗产特征的保护体系；关于哈尼梯田、丝绸之路可持续发展的讨论，"一带一路"（丝绸之路经济带和 21 世纪海上丝绸之路）战略的提出，更突出了文化遗产保护对社会发展的促进作用。这些事件对遗产保护产生了深刻的影响，甚至远远超出遗产保护的范畴，对相关地区的社会发展也将具有重要的影响。这些事件本身也是中国文化遗产保护对如何处理保护与发展的关系的正面回应。

2014 年 6 月，在卡塔尔的多哈召开的第 38 届世界遗产委员会上，丝绸之路：长安－天山廊道的路网、中国大运河、南美洲的安第斯山区道路系统被列入了《世界遗产名录》，成为世界遗产大家庭的新成员。安第斯山区道路系统包括了南美大陆从南到北的阿根廷、玻利维亚、智利、哥伦比亚、厄瓜多尔、秘鲁 6 个国家。这一道路系统反映了南美大陆文化的融合和发展，展现了南美历史和文化演化的壮美篇章。分布于这 6 个国家的相关遗产点组成的庞大系统一起被列为世界遗产。当这 6 个国家的人在一起，欢庆这一遗产的价值和保护、管理得到了世界遗产委员会的认可的时候，人们看到的是遗产保护已经远远地超出了国界，超出了民族，成为人类的一个共同事业。

在第 38 届世界遗产委员会大会上，"丝绸之路"分两段进行申报，一段是中国、哈萨克斯坦、吉尔吉斯斯坦一起申报的"丝绸之路：起始段和天山廊道"，这段成功列入《世界遗产名录》，并被咨询机构和世界遗产委员会建议改名为"丝绸之路：长安－天山廊道的路网"；另一段由乌兹别克斯坦和塔吉克斯坦申报的"丝绸之路：吉尔肯特－撒马尔罕－波依肯特廊道"则被要求补充资料，2015 年再报委员会审议（referral）。丝绸之路作为沟通了欧洲亚洲非洲三大洲和阿拉伯半岛，把古代世界最为重要的文明联系在一起的巨型文化线路，构成了在大航海时代之前，人类最重要的文化、经济、政治交流通道。这

一源于古代世界的文化交流系统，对于今天的人类文化、经济交流同样具有重要的意义。在丝绸之路申报世界遗产的过程中，中国提出了"一带一路"，即丝绸之路经济带和 21 世纪海上丝绸之路的战略发展构想，这使得丝绸之路的概念已经远远超出了遗产保护的范畴，而成为地区经济发展新的推动力量，成为地区文化对话、共同发展的重要平台。丝绸之路的遗产保护已经成为地区发展战略的一个组成部分，将有力地促进沿线国家的共同发展。丝绸之路已不再仅仅是一个由遗址和古代建筑构成的文化遗产，它已经被赋予了更为丰富的社会可持续发展的内涵。

丝绸之路对于中国自身的发展同样具有重大意义。它贯穿整个中国西部欠发达地区，使这些地区能够基于丝绸之路的概念加强、完善合作交流的平台，不仅能够提高对作为世界遗产的丝绸之路的保护水平，而且促进地区之间的文化和经济交流与合作。"一带一路"中丝绸之路经济带的建设，将有力地促进这些地区的发展。

对中国而言，大运河的申遗同样具有重要的意义。大运河本身是工业革命以前人类在工程技术领域创造的最为辉煌的成就之一，在长达 3000km 的距离上，它穿越、沟通了黄河、淮河、长江这 3 个巨大的水系，跨山越岭形成了沟通中国南北的水上大通道。依托大运河的漕运系统，也是世界上最有效率的运输系统，它支撑了中国封建时代多个朝代的建立和延续。与这些价值相伴而生的是，作为连接

图1 大运河，杭州拱宸桥畔

中国南北的水上交通系统，它保障了中国南北文化的交融和发展，它对中华民族文化的形成具有极为重要的作用和意义。大运河还促进了沿线地区的发展，形成了独特的可持续发展的生活、生产模式（图1、图2）。

大运河穿越中国东部发达地区，申遗和相关的遗产保护促进了这些地区之间的合作，对大运河的关注，使得这一已经在现代交通运输系统发展的压力下失去了部分功能的古代遗产，有可能为沿线城市和地区的发展注入新的生机，使这些在中国属于相对发达的地区能够在文化、经济、社会发展中获得更大的活力。

2000年，针对当时中国文物保护面临的问题和挑战，中国国家文物局批准公布了《中国文物古迹保护准则》。这一准则成为中国文物保护的基本标准，建立了中国文物保护的基本程序，解决了文物保护中原状的确定问题，极大地促进了中国文物保护的发展。2000年以后，中国的文物保护开始向文化遗产保护发展，保护对象的数量迅速增长，出现了大量新的保护类型，全国重点文物保护单位的数量从2000年以前的500多处，增长到2013年的4000多处。2011年完成的第三次全国文物普查更是把不可移动文物的数量从第二次全国文物普查的30余万处，增加到76万处。同时，文物或文化遗产的保护与经济发展、城乡建设、人民生活水平的改善相结合的思想得到了强调，中国文化遗产的保护同样也面临着新的挑战，2009年国家文物局批准，中国古迹遗址保护协会负责对《中国文物古迹保护准则》进行修订。

2014年，《中国文物古迹保护准则》的修订工作完成。修订后的《中国文物古迹保护准则》根据中国进入21世纪以后的文化遗产保护实践，重新阐述了中国文化遗产保护的各项原则，对新的文化遗产类型的保护提出了导则。《中国文物古迹保护准则》修订版也是中国文化遗产保护对面临的挑战做出的回应。

修订后的《中国文物古迹保护准则》涉及了几个重要的问题。

一、关于文化遗产的价值

长期以来，包括《文物保护法》《保护世界文化和自然遗产公约》在内的相关法规、国际文件中，关于文化遗产或文物价值的表述都集中于历史价值、艺术价值和科学价值。但随着文化遗产概念范畴的不断扩展，特别是随着对文化多样性的保护在整个文化遗产保护中占有越来越重要的地位，对于保护对象所具有的文化价值的认识已经成为今天文化遗产保护的重要特征。基于中国的实践和文化遗产保护状况，不同于在国际文化遗产

图2 大运河，无锡皇埠墩处的分水口，左侧为排水、观光游览，右侧主要负责航运（图片来源:电子工业出版社）

保护界受到广泛关注的澳大利亚《巴拉宪章》把"文化重要性"作为涵盖历史价值、艺术价值和其他相关价值的总价值的表述，修订后的《中国文物古迹保护准则》在文化价值的阐述上强调了文化价值与历史价值、艺术价值和科学价值的并列关系，并同时提出了文物古迹的社会价值问题。对文化价值的强调，对中国文化遗产保护而言完全基于了中国自己的保护实践。这些实践无论是在对作为纪念物的文物建筑对城市历史景观的影响，还是具有活态的乡土遗产对中国传统文化的传承，都体现了它们所具有的文化价值。

二、文化遗产保护原则

在文化遗产保护的原则中有一项基本的内容：真实性。真实性是一个经过了长期发展的概念。在 18－19 世纪，欧洲对艺术品进行保护时，就提出真实性的问题。这里的真实性是指保存真实的历史遗物，特别是那些作为古典艺术范本的艺术品原件。这一思想深刻地影响了欧洲文化遗产保护观念的形成，无论是强调修复的学派，还是强调尽量不干涉的浪漫主义学派，或是强调研究的科学修复学派都关注到了真实性的问题，并有

许多相关的阐释。这种思想进一步在《威尼斯宪章》和 1977 版的《实施保护世界文化和自然遗产公约操作指南》中得到了发展和延续，并形成了以突出对物质遗存进行保护的真实性原则。但这一原则在 1994 年的《奈良真实性文件》中受到了挑战，《奈良真实性文件》通过对文化背景的强调，而使真实性的原则趋于空泛。这无疑在一定程度上反映了文化遗产保护观念在进入当代文化遗产保护的复杂语境时表现出的不确定性，但中国文化遗产保护的实践如何面对这样的变化，则是《中国文物古迹保护准则》修订版试图解决的问题。《中国文物古迹保护准则》修订版强调了中国文物保护对于保留下来的文物物质遗存的保护，强调了传统的对修复工作的要求，同时强调了对与物质遗存相关的非物质文化遗产和文化传统的保护和传承，构成了反映中国文化遗产保护状况和特征的关于真实性原则的阐述，并回应了现行《实施保护世界文化和自然遗产公约操作指南》（2013版）关于文化遗产保护要经过真实性原则检验的要求。中国的文物保护实践一直关心的另一个问题是文物环境的问题。文物环境不仅包括文物周围的地形、地貌，同样也包括

文物的文化环境，这一概念本身与 2005 年《西安宣言》中"Setting"的概念相接近。在《中国文物古迹保护准则》修订版中，通过对"完整性"原则的阐述，文化遗产保护对象不仅涵盖了体现遗产价值的各个相关要素，也体现在相关的文化传统，涵盖了物质和非物质的内容，使文化遗产的整体价值更为突出，这也是中国第一次对文化遗产保护完整性原则作出自己的阐述。无论是真实性原则，还是完整性原则，都反映了中国文化遗产保护的整体性思路，而这种思路将推动中国文化遗产保护的整体发展，无论是体现自然和文化交融的文化景观，还是体现物质与非物质一体的活态遗产，都成为这一整体性保护原则的保护对象。保护是对文化的传承，而文化的传承是要让中国的文化精神能够在当代生活中更加充满活力，让我们的文化接续起来，能够让我们再向前，能够让这种传统给我们力量。

三、关于合理利用

对于作为重要历史遗存和见证的少量文物建筑，利用和功能或许并非重要的问题，它们的存在本身就是对历史的展示和叙述。

但对于大量的无论是保持着原有功能还是需要赋予新的功能的近现代代表性建筑、历史文化村镇、工业遗产，甚至文化景观，它们的功能延续或利用问题就变得突出和无法回避。由于保护领域对遗产利用可能带来负面影响充满忧虑，所以长期以来，在中国，作为文物保护单位的保护对象在利用方式上相对单一。随着中国文化遗产保护意识的不断觉醒和保护观念的发展，大量新类型的保护对象出现在保护名单之中，其中一些，它们的功能就是遗产价值的重要组成部分，另一些保护对象则可能需要通过保持或赋予其新的功能，而使它能够在当代生活中保持活力，延续它作为城镇具有特征性建筑的价值。在这样的情况下，合理利用、延续原有功能或赋予新的适当功能，就成为保护工作不可或缺的有效措施。当代遗产保护已经成为一种社会事业，涉及大量利益相关者，他们的积极参与也是保护工作重要的组成部分。利益相关者本身也可能是遗产的所有者或使用者，他们对合理利用遗产可以起到促进作用，同样需要给予充分的尊重。在《中国文物古迹保护准则》修订版中，增加了关于合理利用的章节，指出了在延续原有功能和赋予遗产新的功能方面必须注意的问题。这将为文化遗产的合理利用提供更大的可能性，在保护好遗产的前提下，充分发挥遗产的社会功能，发挥它对地方经济、文化发展的影响力。

四、关于民众和社会参与文化遗产保护

中国的文化遗产保护长期以来由于对保护对象价值的认识，即国家、民族历史的见证，一直被当作一项政府的事业，由政府负责和承担。这不仅影响了文化遗产的使用（利用）方式，同时也在很大程度上影响了社会和民众对保护工作的参与。随着中国经济和社会的发展，人们对文化遗产保护的关注度提高，民众对自身权利的认知增强，无论是民众还是社会团体，都越来越强烈地表达出参与文化遗产保护的意愿。这反映了中国公民社会的成长。《中国文物古迹保护准则》修订版强调和突出了民众及社会参与文化遗产保护的内容，强调"文物古迹的保护是一项社会事业，需要全社会的共同参与，全社会应当共享文物古迹保护的成果"，并规定"公众的关注是全社会文物古迹保护意识提高的反映，是文物古迹社会价值的体现。文物古迹是社会的公共财富。公众有权利和义务对文物古迹的保护状况进行监督。文物行政管理部门应鼓励公众监督文物保护规划的落实情况，并及时回应公众质询，说明文物保护规划的实施情况"。这些内容在一定程度上回应和鼓励了民众及社会参与文化遗产保护的要求。

无论是世界遗产的申报、保护，还是中国文化遗产保护体系理论建设和实践探索，都使中国成为今天世界上文化遗产保护发展最为迅速和活跃的地区。中国已经成为文化遗产保护最重要的实验场，为中国文化遗产保护的专业人员和社会各界提供了参与文化遗产保护的巨大可能性。

中国的文化遗产保护仍然面临着巨大的压力和挑战。这些压力和挑战既表现在文化遗产保护自身存在的不平衡性，也表现在建设和发展给文化遗产保护带来的巨大的压力。

中国仍然处在快速城市化的进程当中，城市化被当作中国社会、经济发展的推动力量。这在很大程度上加剧了乡村人口的流失和老龄化问题，大量传统村落的空心化，甚至废弃或半废弃化，不仅影响了作为乡土遗产的村落的保护工作，而且造成乡村文化传统的消失，造成物质及非物质遗产的双重损失。一些地方政府为保护乡土遗产，将村落或历史街区的建筑买断，搬迁全部居民，对建筑进行修缮之后，重新招商。这种做法虽然保留了原有建筑，在一定程度上保护了物质遗产，但却破坏了原有文化传统得以延续的基础，使原本具有活力的村落和历史街区变成了新的游乐园，使保护对象的真实性受到了严重的损害，也影响了保护对象的价值。这些问题不仅需要在实践中寻求破解的方法，同样也需要进行更多的保护理论的探讨。

在今天文化遗产的保护已经远远超出了其自身的范畴，成为社会、经济发展的重要推动力量。怎样真正发挥文化遗产保护的这种作用，形成巨大的综合效益，打破条块分割的局限，是中国文化遗产保护进一步发展面临的挑战。

文化遗产的保护，也包括自然遗产的保护，本身是一个观念问题，反映了人们怎样看待历史，看待未来，创造什么样的理想生活。国际文化遗产保护如此。中国的文化遗产保护也是如此，文化遗产的保护本身就是一种文明发展的标志，对于世界是一个挑战，对于中国更是一个挑战。

中国正成为文化遗产保护理论和实践的实验场，是中国文物保护工作者的实验场，也是设计师进行文化建设、弘扬优秀文化传统的战场。中国的文化遗产保护在解决自己面对的问题的同时，也为国际文化遗产保护提供经验。

从鲍扎到包豪斯——美国建筑教育发展　王辉

图1

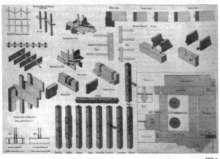

图2

图1 18世纪的建筑师形象（图片来源：参考文献[4]）

图2 19世纪后期学生绘制的建造图纸

（图片来源：参考文献[8]）

2012年，在美国建筑院校协会（ACSA）成立100周年之际，该协会出版了一本关于美国建筑教育发展历史的书，书名为《建筑院校：北美三个世纪的建筑教育》（Architecture School: Three Centuries of Educating Architects in North America）。该书系统地梳理了美国建筑教育200多年来的发展变迁，其中将美国建筑教育发展历史分为6个阶段：1860年之前是第1个阶段——"定义专业"的阶段；1860-1920年是第2个阶段——"理工模式与鲍扎模式在美国大学的斗争"的阶段；1920-1945年是第3个阶段——"挑战鲍扎统治地位"的阶段；1945—1968年是第4个阶段——"现代主义挂帅"的阶段；1968—1990年是第5个阶段——"纯真时代的终结：从政治激进到后现代主义"的阶段；1990年之后是第6个阶段——"未来即现在"的阶段。从这些阶段的划分可以看出，伴随着美国建筑教育的起源、发展与成熟，鲍扎、包豪斯等重要的建筑教育模式在美国的兴衰更替以及它们的本土化演化是美国建筑教育历史的主旋律。从这个角度出发，笔者试图以几个重要建筑教育模式在美国的发展演变为线索，对美国建筑教育演变的基本状况进行简要介绍。

一、从学徒制到鲍扎

1. 学徒制

对于早期的建筑师而言，美国最初的建筑教育采用的是学徒制模式。所谓学徒制，就是由承担房屋设计和建造工作的手工业者以师徒相授方式进行技艺传承的传统建筑教育模式。在这种模式之下，想学习建筑师技能的年轻人通过在建筑工作室中获得设计经验。这种学徒制模式最早是在中世纪出现，于16世纪在英国变为了法规，并由专门的行业协会来控制。在美洲大陆并不存在行业协会，学徒们与工匠师傅签订固定期的合同，在学徒期满之后他们就可以成为熟练工匠并独立开业[11]。当时，美国多数建筑师都是通过学徒制接受建筑设计训练，他们在工作室中由有经验的建筑师提供指导获得设计技能（图1）。

除了在学徒制的工作室学习以外，当时还有一些年轻人会通过一种夜校式的绘图学校学习基本的制图技能。到19世纪中期，美国的这些绘图学校的课程计划已经变得很复杂，涵盖内容也十分广泛[2]（图2、图3）。另外，在高等教育体系建立之前，建筑工具书以及旅游这两种自学方式对于年轻人理解与学习建筑设计发挥了很大的作用。有学者提出，早期的美国建筑师十分渴望尽可能地仿效欧洲模式，他们所设计的建筑很大程度得益于当时出版的建筑书籍[3]。当时的一些建筑师如托马斯·杰斐逊（Thomas Jefferson）就有着自己的建筑图书馆，他通过大量的阅读以及在欧洲的旅行来认识与理解建筑。杰斐逊对于教育与建筑有着自己的想法，他推动了弗吉尼亚大学的建立，并亲自设计了校园的建筑风格，画出了被他称为"学术村"的

图3 19世纪末的MIT绘图教室（图片来源：参考文献[10]）

总图布局。

在高等教育逐渐普及之后，越来越多的建筑师开始在大学接受高等教育。在18世纪晚期，职业教育的地点也逐渐从办公室转移到了大学。教育地点的这种转变有着重要的意义，就是通过在大学强调人文艺术等学科领域的综合教育，有关建筑师职业的价值与内涵得到了强化与熏陶，这是学徒制或是其他自学方式所不能实现的。到1860年，大学建筑教育的基本元素已经成型，之前学徒制模式中的种种教育方式与自学的方式都在这些新机构里整合了起来。

当时的人们以一种更为实用和经验的态度来看待建筑，这也是与当时美国国家和城市发展阶段相适应的。这种经验化的、注重实用的建筑观在学徒制这一教育模式中得到了体现。在建筑师的教育过程中，可以直接

指导建筑实践的知识和技巧更为受欢迎，而相对抽象的建筑概念或理论并不太受重视。受这种十分理性的经验观影响，经济、适用甚至是美观都成为了可以传承的客观指标。当时，一本建筑师的工作手册是如此定义建筑学专业的：一种通过几何学准则获得的技能；通过这种技能它可以提供设计和树立各种结构的规则；建筑师的技能包括算术、几何学、水平测量和挖掘、草图和绘图，最后是"设计的科学"[4]。该手册对于建筑师职业的定位则是：建筑师是建造过程的负责人，他设计建筑物模型或绘制图纸；其业务是考虑建造的整个方式并计算相关费用，还包括绘制图纸、估计必要的建设条件和监督施工过程[4]。在这些定义中有关建筑形式美的说法基本没有出现，这也能看出当时人们对于建筑学专业采取的实用态度。

作为最初的一种建筑设计教育模式，源自于英国、且带有实用色彩的学徒制为美国的建筑设计教育打上了浓厚的实践烙印。虽然在后来的100多年时间中，学徒制被更为正规的高等教育所取代，而且各种不同的教育模式在美国先后登场并扎根发展，但这种注重经验与实用的印迹似乎一直未曾消失。

2. 大学专业培养

随着公共教育体系的不断成熟，学徒制这一较为传统的建筑设计教育模式就逐渐退出了历史舞台，取而代之的仍然是来自于欧洲的建筑教育模式。在19世纪中后期，两种相对成熟的欧洲建筑教育模式被引入美国并被加以推广，一是德国的理工学校模式，二是法国鲍扎模式。这两种建筑教育模式在欧洲都具有很高声誉，都是强调知识理性和专业规范化的结果。虽然，两者对于房子的

图4

图5

美学和技术方面都强调但又各有侧重，一所相对强调科学技术，而另一所则侧重于工艺美术[5]。

1857年，美国建筑师协会（American Institute of Architects）成立，这是对于美国建筑教育发展极为重要的一件事。在这一时期另有一件不得不提的事，就是在19世纪后期美国特色的大学模式的出现，这对美国建筑设计教育甚至高等教育都产生了重要的影响。美国大学创立之初与宗教联系紧密，强调学生对宗教传统和精神戒律的学习[5]。内战之后，随着新科学精神的出现，同时伴随着对新统一的国家身份的追求，当时的知识分子希望创造出一种全新的带有美国特色的教育模式。美国历史学家劳伦斯·维塞（Laurence Veysey）研究了美国早期大学发展史，他将美国大学的兴起与社会发展联系在一起，并提出了大学形成的特定目标，包括作为为公共服务实践的准备，与德国理工大学相似的专门化纯科学研究，以及建立起公共品位以及传播自由、人文文化[6]。实际上，这些目标对建筑学教育有着一定的指导意义，在后来建筑教育的发展过程中都可以找到这些教

育思想的影子。

另外一件对于高等教育产生影响的是1862年《土地拨赠法案》（Morrill Land Grant Act）的签署，众多大学因此获得了大量发展用地。这一事件的直接结果就是，颁发工程方面学位的学院在内战后大量增加，而短时间内工程学学生的数量也大量增加。在建筑教育领域，由于该法案强调支持建设工程专业背景的学校，在这些学校中开设的建筑学专业就成为工程专业的分支。

19世纪70年代，美国的大学终于开始提供正式的建筑学教育。1865年，麻省理工学院最先开设了建筑学，随后一些学校相继开设建筑学课程，包括1868年的伊利诺伊大学以及1871年的康奈尔大学。在早期的这些大学中，较为流行的是德国教育机构所定义的理工校模式，这也是与当时社会对于科技文明的追求相适应的。当时，一批德国建筑师从欧洲来到了美国，将德国的教育模式带到了美国大学[7]。在他们的影响之下，这些学校重视建筑的建造，并强调学生对于相关科学技术的学习。在这一类型学校的课程计划中，学生学习建筑设计的进程相对缓慢。以伊利诺伊大学为

图6

图4 20世纪初的宾大设计教室（图片来源：参考文献[9]）

图5 1914年宾大学生的获奖设计作品
（图片来源：参考文献[9]）

图6 约瑟夫·哈德努特1940年的文章 Architecture and Modern Mind（图片来源：参考文献[12]）

例，学生前 3 年学习各种基础课程，直到第 4 年才学习建筑设计 [8]。这些学校的课程计划还受到俄罗斯职业训练模式的影响，强调对于工具的使用，同时要求学生第一年在 3 种木工橱柜和模型制作工作室中学习，以获得建造知识以及材料特性 [9]。

这种受德国影响的教育模式结合了传统工匠式训练与科学技术知识学习，并在当时的大学体系中推广了建筑教育。但这一模式过于强调工程技术，将工程和建造放在艺术训练之上，设计只作为多门课程中的一项，这种思想显然与后来成为主流的鲍扎模式是不一样的。

3. 鲍扎体系（the Ecole des Beaux Arts）

在 19 世纪，有建筑师认为工科院校强调数学、力学等工程知识要比传统美学知识更为重要，当然也会有人认为强调传统的鲍扎系统更适合建筑学教育。其中，理查德·莫里斯·亨特（Richard Morris Hunt）就是代表人物，他在巴黎接受了教育，并在从欧洲学习回来后于纽约创立了工作室。亨特培养了一些具有影响力的建筑师，如创立了 MIT 建筑系的威廉·威尔（William R. Ware），后来威尔在 MIT 创立建筑学专业时倡导的就是鲍扎体系 [10]。在亨特等人的努力之下，到 19 世纪末期，鲍扎体系已经取代了德国的工科院校模式成为美国建筑教育的主导模式。

鲍扎建筑教育是指 18 世纪由法国巴黎美术学院创立，强调建筑与古典艺术相结合，通过设计实践学习和设计范例阐述的方式，进行完整古典建筑样式设计和技法训练的建筑教育模式。受鲍扎建筑教育体系影响，当时的美国建筑院校将古典建筑视为学习典范，强调构图与渲染等设计技能的训练。学生通过对于古典建筑类型的学习与运用，既学会了如何通过形式构图将建筑空间组织起来，同时也在理解如何针对不同类型建筑合理运用与处理各种建筑细节。

与德国模式不同，在法国鲍扎模式中学生一开始就接触设计，而且学生被要求每年参加相关的设计竞赛。1893 年，鲍扎建筑师学会（Society of Beaux-Arts Architects）成立，之后该学会开始发布设计竞赛计划。鲍扎建筑师学会的成立对建筑院校接受鲍扎体系起了很大作用，全美国的建筑学专业学生都开始参与同样的建筑设计竞赛。这套竞赛系统培养了学生熟练生成具有古典逻辑的平面构图，以及在此基础上深化设计的能力。另外，此时设计工作室在学院建筑设计教学中占据了主流，对学生作业进行评图和指导也成为了主要的教学方式。

1890 年，建筑师西奥菲勒·钱德勒（Theophilus P. Chandler）在宾夕法尼亚大学建立建筑系。钱德勒在法国接受了教育，后来宾大也成为在美国继承并发展鲍扎教育模式的重镇，并在教学方面取得了卓越的成绩，培养了一批优秀的建筑师（图 4、图 5）。在宾大建筑系教授约翰·哈伯森（John F. Harbeson）看来，鲍扎的影响主要体现在逻辑思维以及纪念性布局和构图之上；鲍扎教给学生的是关于形式之美的品位，引导学生对古典建筑产生兴趣并鼓励学生去学习；另外，它还提升了当时的制图水平，并强化了设计竞赛在建筑教学中的作用 [11]。哈伯森在 1926 年写作了一本名为《建筑设计研究》（The Study of Architectural Design）的书，系统反映了鲍扎体系的建筑教学方法。

到了 20 世纪初，随着需求增长，越来越多的院校开设了建筑学专业。据统计，从 MIT 成立建筑学专业到世纪之交，共有 3250 名学生接受了正式的建筑学教育 [7]。在现代主义建筑出现之前，鲍扎教育在追求古典样式的过程中隐含了对于建筑风格的开放态度。由于当时建筑功能的相对简化，在鲍扎体系下建筑形式的和谐成为了主要目标。古典建筑的各种元素被巧妙地使用，以最大可能地适应轴向组织和对称平面的建构，以此实现具有清晰逻辑的构图形式。另外，鲍扎的不断发展促成了建筑教育文化的改变，原来相对垂直的传统建筑教学模式开始变得扁平，学生之间以及学生与老师之间都在注重更为多样化的交流。与此同时，鲍扎体系带来的另一影响就是建筑教育与实践的联系不再紧密，形成了所谓与专业实践相对隔离、标准明晰的学院派文化。而就在鲍扎体系试图把建筑教育加以标准化的同时，伴随着社会的不断变动和发展，新的"现代"建筑教育模式开始登上舞台。

二、现代化与包豪斯

在进入现代社会之后，同时伴随着包豪斯建筑教育的引入，美国建筑教育又一次向前迈进了一大步。这一次变化发展的进程也不是一蹴而就的，在社会转型的过程中，美国的建筑教育工作者针对包豪斯、现代化这些命题不断探索，试图形成立足美国本土、体现时代特色的新建筑教育模式。

1. 社会转型与现代化

20 世纪初期，反传统的精神不断增长，在与现代主义的种种观念结合之后爆发出了巨大的变革力量。当时美国社会正面临转型，在这种力量的推动之下，现代主义的建筑观终于登陆了美国大陆。

1912 年，美国建筑师协会大会参会人员同意成立一个关于建筑教育的组织，美国建筑院校协会（ACSA）就此成立。当时美国共有 27 所建筑院校，后来包括哈佛大学、

图7

图8

图9

图7 密斯正在给四年级学生评图

（图片来源：参考文献[9]）

图8 1959年哈佛建筑系学生在构造工作室中现场作业

（图片来源：参考文献[12]）

图9 富勒的作品在波士顿建筑中心进行展览

（图片来源：参考文献[10]）

MIT、宾夕法尼亚大学等院校在内的10所院校成为主要成员。在早期的会议中，成员提出设立关于接受会员的基本课程要求，并试图规范建筑学教育的基本教学计划，希望以此消除成员学校之间的巨大差异，这些基本要求后来就成为建筑院校的评估标准[9]。

1920年代这段时间被称为美国的"咆哮的20年代"，在此期间发生了众多激动人心的事，人们越来越感受到现代科技的巨大力量，火车、小汽车与电话等新设备得以推广，而对于传统的反叛以及对现代性的期待使得实用的、简洁的审美观越来越受推崇。在这段时间，美国的建筑领域工作者与学生正在适应最新的科技发展，但由于还未能完全与欧洲的现代主义建筑观接轨，于是他们呈现出了偏折衷主义的倾向。与此同时，欧洲的现代主义运动进一步发展，但现代主义的种种观念并未及时传递到美国。1925年，巴黎举办了国际装饰艺术与现代工业展览会，这对美国的建筑工作者产生了冲击，既传统又创新的装饰语言开始在美国广泛传播。

在1930年代中期，随着社会的进一步发展，影响建筑教育的因素不断出现，新的社会经济需求以及不断演化的技术都在呼唤着新的建筑教育模式。以大萧条为代表的社会危机对于传统建筑教育模式产生了极大冲击，人们都在追寻着更为实用的、以功能主义为导向的教育模式，这也是现代主义建筑教育模式能在美国生根发展的重要原因。到了1930年代，建筑学主要考虑古典形式构图的时代已经终结，时代需要建筑院校不仅培养工匠或设计者，同时还要为这个处于转型与变革阶段的现代社会培养综合的专业领袖。

当时的一些学校并未对传统的教育模式抱有很大热情，而是一直在探索新的教育模式[10]。1934年，约瑟夫·哈德努特（Joseph Hudnut）成为哥伦比亚大学建筑学院院长，他认为随着时代的改变，未来的建筑学教学计划应更多地从解决美国现实问题的要求来制定。1935年12月，他提议成立哈佛设计学院，这里的"设计"意味着应对包括结构材料、职业实践和社会需求等多种要求的工作，同时也意味着对于原有建筑、城市和景观专业的整合。哈德努特善于将自己的理念通过文字来阐释出来，他在1940年的文章《建筑与现代思维》（Architecture and Modern Mind）（图6）中提出，建筑一直被看作是表现的艺术，其中的形式要素是它的固有本质；但除了这一点，建筑的品质还体现在地域、技术及不断演变的文化之上，这些要素能多样化和不断更新建筑形式的复杂性；如果不考虑这些因素，建筑就会像博物馆中的标本一样，脱离了现实生活的需求[12]。

在时代变化的冲击之下，当时的建筑教育家已经预见到了社会转型对于建筑教育的巨大影响。于是，在下一阶段代表现代社会的思维与要素和传统建筑教育相融合，引发了美国建筑教育的再一次发展。

2. 包豪斯在美国

1920年代，有关包豪斯的种种实验教学的新闻已经传到了美国，当时众多美国学生从那儿毕业或是在那儿学习课程。在社会大萧条的冲击之下，包豪斯所代表的反传统精神以及对于艺术和工业加以整合的思想在北美找到了沃土。

1937年，格罗皮乌斯成为哈佛GSD建筑系的负责人，他对基础的建筑设计课程进行了一系列的改革。格罗皮乌斯秉承着包豪斯的理念，希望在关注新时代各种因素的前提下，融合建筑的艺术与技术、形式与功能要素，同时制定新的建筑教育标准。他在强调建筑的技术特性需要经济节约之时，仍然

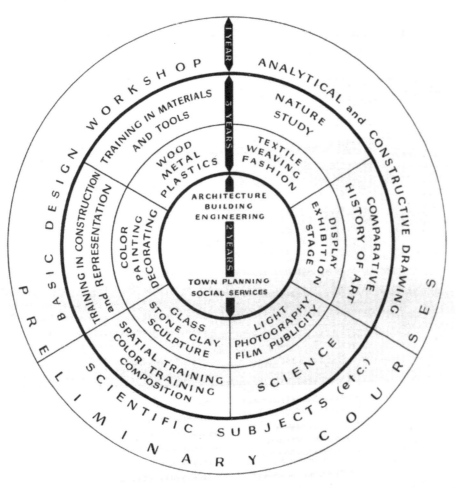

图10 1937年芝加哥新包豪斯设计学院的6年教学框架（图片来源：参考文献[9]）

会坚持对建筑理想的追寻。他认为标准化并不是发展的阻碍，相反，标准化是发展的先决条件[13]。在这些理念的指引下，格罗皮乌斯在1939年的一份声明中提出，建筑师的角色是"一位具有最广博知识的协调组织者，从关注生活的社会概念起始，能成功整合我们时代所有社会、形式和技术的问题形成有机的关系"；在他看来，现代社会建筑师角色定位需要对于建筑教育进行再组织，学生需要专门在构造工作室和建筑工地上训练，努力掌握相关工具和材料，并去理解作为整体的生活，而不是过分地被固化在没有生命力的图版与传统的幻影之中[14]。

包豪斯教育模式中的基础设计课程的特色对当时美国建筑教育产生了很大的影响。格罗皮乌斯在1950年主持的设计基础课一周包括2小时的讲座和20小时的设计工作室学习，在工作室里，学生用他们从事一系列的二维和三维的相关训练，通过大量的材料和表达方式探寻形式、空间和感知之间的关系。这些设计题目往往建立在真实地段的基础上，学生可以分组对设计进行研究，并与各专业的教师一起工作[15]。在包豪斯建筑教育模式影响之下，人们在思考适合新时代的新建筑

时，将技术与艺术、精神与功能统一了起来。通过这些融合的尝试，有关社会责任、团队合作、形式探索和技术试验被统一在了一起。

实际上，包豪斯在美国的本土化发展也有着不同的路径，不同的人包括瓦特·格罗皮乌斯（Walter Gropius）、路德维希·密斯·凡·德罗（Ludwing Mis van der Rohe）、莫霍·伊纳吉（Moholy Nagy）在不同的学校采用的教学模式都有着不同的特色（图7~图10）。在20世纪中期，由美国建筑师协会组织编写了一本名为《世纪中的建筑师》的研究报告，记录了包豪斯在美国的变迁记录。该书作者承认包豪斯对于扫除法式的折衷主义具有有益的影响，但认为包豪斯在美国并未形成与鲍扎相匹配的美学运动。同时，在总结了包豪斯的影响之后，报告表达了对于未来时代发展趋势的预测："未来完全演化了科学和技术的建筑学"，这种趋势源自于"逐渐出现的对工程学的崇拜"[16]。这本报告的结论主张建筑教育应能整合教育过程的各个环节，如能力测试与学生筛选、职业指导、教师培训和职业实践、学院建筑质量、学院与建筑业的关系、研究生学习与学术研究的发展以及未来的数据调查等各方面。在这些学者看来，建筑学专业和它的教育系统是不可分的，专业的发展应与整个教育的全过程紧密联系并互相促进。

第二次世界大战之后，美国社会对于建筑学专业学生的需求大涨。同时，战后对技术发展研究与不断强化的社会科学研究在大学联系在了一起，形成了新型的多学科并重的美国综合型大学，这些变化都使得建筑教育必须要有所应对。包豪斯的强势介入一度削弱了当时众多美国建筑教育工作者立足于本土的探索，但在上述种种因素冲击之下，美国的现代建筑教育或以包豪斯为模板，或

以包豪斯为批判对象，在应对现代社会发展方面又进行了新的尝试。

3. 现代化的不同路径

包豪斯在美国建筑教育领域产生了重大影响，但是这并不是当时美国建筑教育的唯一路径，众多美国的教育者也在以不同的方式进行着探索。比如赖特就在西塔里埃森的工作室里进行建筑教学，雇员与学生在他的工作室工作并直接向他学习。这种模式也是赖特向他的老师沙利文学习的，这种师徒相授的模式既是源自于传统学徒制，同时又与当时实用主义哲学所倡导的"通过做来学习"的教育思潮联系在了一起。

另外，在一些建筑院校尤其是坚持鲍扎体系的院校中，以包豪斯为代表的现代主义建筑教育模式的引入并不是很顺利。以宾夕法尼亚大学为例，作为坚持传统鲍扎体系的堡垒，直到20世纪50年代才开始接受现代主义的教育模式。其他一些具有鲍扎传统的院校也并未直接采用包豪斯模式，而是在坚持与变革中缓慢前行。

在第二次世界大战之后，伴随着现代化进程的深入，对于包豪斯体系的批判也日渐增多。在20世纪40年代，曾经将格罗皮乌斯请入哈佛的哈德努特与格罗皮乌斯变得势同水火，这也提前预示了现代主义建筑观对文化、精神和情感需要不重视的失败。1945年，哈德努特第一次提出后现代的说法，他也强调建筑教育应重视建筑史和城市文化教学[17]。也有人提出，格罗皮乌斯的崇高理念和实际语境之间的紧张关系造成了过于抽象与公式化的教学计划[18]。1940年代末期，普林斯顿大学召开了名为"为现代人建筑"的研讨会，会上有学者提出，感知是建立在主体的体验和价值观上的，并号召对于"纯形式"这一抽象逻辑进行再思考，并强调主观天性

对于环境感知的重要性。希格弗莱德·吉迪恩（Sigfried Giedion）认为，由现代性引出的基本问题是思考和感知之间的背离，而"片面的专业化"则是"我们时代的基本毛病之一"。他曾在书中以"平衡的人"为题，号召在自然和人工环境、过去和未来、普世化和专门化中寻求动态的平衡[19]。

正是基于这样的思考，一些坚持"新人文主义"的建筑教育家开始强调关注"人的需求的多样性和完整性"。加州建筑师哈威尔·汉密尔顿·哈里斯（Harwell Hamilton Harris）受这种思想影响，他在德克萨斯州大学建立了建筑系。这所建筑院校汇聚了一堆年轻教师，后来他们被称为"德州游侠"，包括约翰·海杜克（John Hejduk）、柯林·罗（Colin Rowe）等人，他们试图在新的时代背景中重新寻求建筑的本质意义。柯林·罗写的《透明性》可以反映他们对于建筑本质问题的回答，虽然他们不久就从该学校离开，不过他们的这些教育理念被广泛传播。与此同时，路易·康（Louis Isadore Kahn）也在以他的建筑作品和思想宣示着对建筑本质的追求。

就在一些人试图不断追问建筑本质的同时，另一些人则暂时搁置了争议。他们从解决问题的角度出发，借助于不断涌现的新技术并以此为手段来解决新的社会问题，通过这种以问题为导向的切入方式来寻求专业的再次发展。当时的美国建筑院校不光要为战后的更多人提供教育，还要参与到大量居住房屋的建设研究中，建筑院校纷纷开展对现代建造技术特别是对于居住房屋建造的研究。比如，理查德·巴克敏斯特·富勒（Richard Buckminster Fuller）就在MIT做了关于居住建筑和工业化建筑的教学研究。除了对于居住问题的新建造体系进行研究之外，人们

在1950年代开始重视对于大尺度空间的设计研究，在这一背景下，建筑学开始强调与规划、景观之间的合作。在哈佛开始强调建筑、规划、景观三位一体之后，其他学校也纷纷以此为榜样开始学习。为了应对大尺度设计，以城市空间为对象的城市设计开始出现。

从批判包豪斯开始，二战后美国建筑教育现代化的路径已经体现出了鲜明的美国本土化特色，建筑教育也从最初带有鲜明先锋性的欧洲模式演进到实用色彩浓重的美国现代建筑教育模式。不管哪种变体实际上都是在考虑如何在科学理性与人文思想、欧洲模式与美国传统之间取得平衡，这似乎又让人想起了100年前美国建筑教育起源与发展时的状况。与那时相同的是，融合与变异再次成为了美国建筑教育变革的主旋律，而不一样的则是人们对于明确变革方向的模糊，正像美国建筑师文丘里在《建筑的复杂性与矛盾性》中描述的一样，建筑教育也同样显得越来越复杂与矛盾了。

三、结语

与美国的国家文化有相似之处，美国的建筑教育自起源到发展，都具有鲜明的多元文化融合的色彩。不管是学徒制、鲍扎还是包豪斯，这些建筑教育模式都是源自欧洲大陆，但又都在美国扎根并演化发展，并深深地烙上了美国的印迹。在这一过程中，有关建筑教育的美国特色这一问题也不断被美国的知识分子所提出。

早在19世纪，有关国家的特性问题就开始被美国的建筑师们提及。MIT建筑系的创立者威廉·威尔曾在欧洲学习建筑学，他不认为欧洲的模式能完全适合美国。实际上，他认为法国模式偏艺术化，德国偏科学化，英国偏实践化，单看任何一种似乎都存在缺

陷[20]。沙利文也去过欧洲学习，他也不同意美国再继续法式体系，而仍然将学徒制看作培养建筑师的首要选择，沙利文对于建筑教育的这些理解显然影响到了他的学生赖特。20世纪初，在坚持鲍扎体系的哥伦比亚大学，有人提出"完全本土美式教育的开始"，认为巴黎不再是唯一能提供有效和艺术的训练的地方了，"我们的建筑学正在进行着不寻常的演化——它正沿着两条线前行，一是纪念性的平面和构图，这要归功于巴黎学校与学者的早期影响；还有科技的建构，源自于完全本土的美式起源"；他还大胆地对未来进行了预测："在未来有一天，不会是太遥远的未来，法国学生会到美国学习建筑学，寻求新的灵感，一种新的观点，一种新的激情。"[21]

正像这些人所预测的，从19世纪开始发展到20世纪中期，在鲍扎、包豪斯等教育模式引入美国建筑教育之后，同时又经过了多种不同方向的现代化尝试，美国建筑教育逐渐自成一体，形成了自己的特色。从学习欧洲开始，在经历了如此长时间对所谓美国本土特色的追求，美国建筑教育在向着成为全世界建筑院校学习的模板迈进。

参考文献：

[1] Mary N. Woods. From Craft to Profession: The Practice of Architecture in Nineteenth-Century America. Berkeley: University of California Press, 1999.

[2] Dell Upton. Defining the Profession. Architecture School: Three Centuries of Educating Architects in North America. MIT Press, 2012: 49-52.

[3] Fiske Kimball. Domestic Architecture of the American Colonies and of the Early Republic. (New York: C. Scribner's Sons, 1922). Dell Upton. Architectural Books in Early America: Architectural Treaties and Building Handbooks Available in American Libraries and Bookstores through 1800. Information & Culture: A Journal of History. 2002: Vol.37. No.2: 207-208.

[4] The Builder's Dictionary: or, Gentleman and Architect's Companion. London, M.DCC.XXXIV. 1734.

[5] George M. Marsden & Bradley J. Longfield edited. The Secularization of the Academy. Oxford University Press, 1992.

[6] Laurence R. Veysey. The Emergence of the American University. University of Chicago Press. 1965.

[7] Michael J. Lewis. The Battle between Polytechnic and Beaux-Arts in the American University. Architecture School: Three Centuries of Educating Architects in North America. MIT Press, 2012.

[8] Madlen Simon. Design Pedagogy. Architecture School: Three Centuries of Educating Architects in North America. MIT Press, 2012: 277.

[9] Joan Ockman. Architecture School: Three Centuries of Educating Architects in North America. MIT Press, 2012.

[10] Architectural Education and Boston. Boston Architechtural Center. 1989.

[11] John F. Harbeson . The Influence of the Ecole des Beaux-Arts on the Architects of the United States by James P. Noffsinger. Journal of the Society of Architectural Historians. 1958. Vol.17. No.2: 29.

[12] Mohsen Mostafavi, Peter Christensen ed.. Instigations Engaging Architecture Landscape and The City GSD 075. Lars Muller Publishers: 94-95.

[13] Walter Gropius. The New architecture and the Bauhaus, trans. P. Morton Shand. Cambridge: MIT Press, 1986.

[14] Walter Gropius, "Training the Architect," in Twice a Year: A Semi-Annual Journal of the Arts and Civil Liberties 2. Spring-Summer 1939: 143, 148,151. Architecture School: Three Centuries of Educating Architects in North America. MIT Press, 2012: 21.

[15] Jill Pearlman, Inventing American Modernism: Joseph Hudnut, Walter Gropius, and the Bauhaus Legacy at Harvard. University of Virginia Press. 2007: 218-224.

[16] Turpin C. Bannister, ed.. The Architect at Mid-Century: Evolution and Achievement, volume 1 of the Report of the Commission for the Survey of Education and Registration of the American Institute of Architects. New York: Reinhold Publishing Corporation, 1954. 107-8. Architecture School: Three Centuries of Educating Architects in North America. MIT Press, 2012: 22.

[17] Anthony Alofsin. Challenges to Beaux-Arts Dominance. Architecture School: Three Centuries of Educating Architects in North America. MIT Press, 2012: 19.

[18] Klaus Herdeg. The Decorated Diagram: Harvard Architecture and theFailure of the Bauhaus Legacy. The MIT Press. 1985.

[19] Sigfried Giedion. Mechanization takes command: a contribution to anonymous history. New York, Oxford University Press, c1948: 714-23.

[20] Cecil D Elliott. The American Architect from the Colonial Era to the Present. McFarland & Company. 2002.

[21] A.D.F.Hamlin. "The influence of the Ecole des Beaux-Arts on Our Architectural Education." Architectural Record, April 1908, 244,247. Architecture School: Three Centuries of Educating Architects in North America. MIT Press, 2012: 16.

中国城市文化的传承与保护 陆志成

一、民居，古老的诉说

民居作为特定时代的产物，集中而又直观地反映了不同地域文化的内涵，代表着当地传统文化发展的脉络，体现了城市建筑文化的整体风格，是城市中不可或缺的宝贵景象。

不同城市的民居有着各异的平面布局、结构方法、造型与细部特征，这同各地区、各民族的民俗民风密切相关，并互相影响、互相适应，最终与整个城市融为一体。

各地城市民居的差异不仅是建筑风格的差异，更是自然与文化环境的差异。民居的研究，为我们了解某一历史时期、某一地区及民族的政治、经济、生活状况、风俗民情和审美观念等，提供了可靠的实物依据，从不同时期城市的发展变化可以找寻一个民族的历史演变轨迹，了解一个国家的发展史。从北京的四合院到江南水乡民居，从东北大院、蒙古包到南方的徽居、苏居、客家民居，从黄河流域窑洞到福建土楼以及西南地区形式多样的各民族民居，这些在长期农耕社会中形成和传承的民居，既是传统文化的载体，也是研究我国传统建筑民俗与居住民俗的根基和源头（图1～图4）。

民居的存在，使我们得以倾听这无声的古老文化，得以窥视城市独有的性格魅力，在城市规划中理应对原著城市进行居住规划。一个朋友在聊到城市传承问题时，谈及中西方对于保留传统建筑上的差异。对一些承载着民居深刻记忆的建筑，国外更重视延续与修复工作，而国内却更加关注打破旧貌引进新物。中华民族5000年的历史文明，不能因为城市化进程而淹没在城市当中。中国城市文化的保护与传承是我们面临的一个重要问题。

二、城市建筑，美之记忆

城市艺术不同于其他的最大特色在于其社会功能性，主要表现在环境艺术、人文艺术和装饰艺术方面，城市环境追求自然的淡雅之美，中国传承的是道法自然，注重以人为中心。传统的民间住宅是自然美与艺术美结合的完美呈现。人文艺术体现在对各类建筑的加工和整理，人文艺术的充分发挥使建筑与景观体现出完整、协调的视觉美感。装饰艺术体现在城市中的各种装饰与装修方面，建筑内部和外部常常使用各种装饰，使主体建筑与客观环境之间产生协调、统一的形式美。一座城市的总体形式美由此而生。

城市人审美意识的形成亦受传统文化的

图1 山西民居

图2 客家围屋

图1

图2

图3 江南水乡

影响。以城市格局为例，对方正、中庸的强调，是中国人讲究秩序的体现；以城市规划结构为例，北方民居的四合院，以向南为主，四周错落有致，是中国人擅于寻求变化中之统一，注重环境装饰与自然的一体性关系的体现。

城市建筑不仅反映出一个地区的资源、环境、土地状况，作为一个历史文化、艺术与经济的综合载体，它更反映出特定的文化理念和生活方式，并以物质的形态予以展示，城市建筑所体现出的文化开放性与吸纳性使其自身更加需要继承、创造与延续。一座城市的艺术价值亦系于此。城市总体规划的发展与实施，是对城市地域文化的有力保护。将时空记忆，和历史统一辩证的进行考虑与梳理，就是一座城市的核心艺术价值体现了。

三、城市化进程随想

城市保护的根本目的是城市的"传承"和"发扬"，在此过程中要注重城市本土文化的保护与利用相结合的原则，挖掘当地的潜在文化内涵、经济价值和对城市发展的积极意义。然而，除去政策支持，文化保护还需要广大人民的积极配合。唤起民众的保护意识，对现代城市化进程中的文化保护起着巨大的推动作用。通过宣传普及城市保护的相关知识，加强民众保护意识，让更多人参与到自己城市保护行列中，分享城市发展所蕴涵的丰富价值，使城市的文化融入现代社会生活，为城市化建设发挥更大的作用。为此，可以从以下方面入手。

1. 在城市规划中树立文化保护观念

在目前的城市规划中，民居文化保护处于弱势地位。然而，保护规划既是一个综合系统的工程，又是全局性、战略性的发展蓝图。因此，要将文化保护的思想贯彻到城市规划的各个层面，在规划中要树立"文化保护是城市发展的财富、资本和动力"的思想，将其渗透到城市设计之中。通过政府引导，充分发挥政府职能，整合资源、提升质量，在继续加快城市进程的同时，切实做好城市本土文化的保护和利用，更好地适应现代城市的发展。例如，在制定地方城市发展规划时，事先征求文物管理部门的意见，进行必要的调查和研究，做好旧建筑集聚保护区的划定、保护方案的制定和实施、保护范围的划定、决定拆除的民居建筑中的有价值的建筑构件的保护等。

2. 实施保护旧城与发展新区的战略

为避免本土文化在城市化进程中遭到破坏，在规划上宜采取离开旧城，开辟新区的原则。要避免拆掉有历史意义的旧城区，建现代化新城，也要避免新城繁荣，有历史文化价值的老区衰落的情况。旧城改造应在仔细调查现存状况的基础上，合理确定保护区与保护地段范围，并给予财力上的保证。要以新区的开发，为古城老区的维护提供财力帮助。使保护与建设互不干涉，相得益彰，旧城内的民居应在加强日常修缮的同时采取分时段更新的方式加以改善。

例如，北京市2004年在规划中提出在东部建设三个新城，广州市采取"东进南扩"等战略措施来寻找新的发展空间。苏州为缓解古城及周边过分拥挤的压力，重新调整了发展战略，集中精力在城市东部和西部建设新的城区。这些措施的出台，都有效地保护了旧城。

3. 合理实施旅游开发

对老城区的旅游开发不能盲目进行，因地制宜、合理开发不仅使文化成为重要的经济资源，还可以带动这个区域其他相关产业的发展。在这里资源是旧城本有的城区格局，旅游产品也是有待开发的一部分，旅游者在旅游过程中得到的是文化旅游产品，是一种精神享受。由于旅游开发与其他类型的资源开发不同，它不存在物耗，因此传统文化不会因为开发而减少或损耗，相反在开发的同时会因为有了经济支持而得到更好地保护，真正实现对文化的有效保护、永续利用，发展当地经济。例如，将传统民居列入历史文化保护区，因地制宜将传统民居打造成旅游名地，为人们展示当地城市的历史和建筑历史，将民居改造成为度假村、旅馆，让游客在民居感其文化特色。

4. 完善旧城区周边环境保护机制

城区周边环境对城市建筑有着很大的影响。在城市建设中，许多城市的发展只注重经济效益，而忽视了环境保护，并且现存的旧城区，大多周边环境极其恶劣，使得旧城的面貌和现代城市格格不入（如城中村），严重影响了原有旧城建筑的寿命。所以应对旧

图4 徽派民居

城区及其周围整体的环境风貌进行保护，严禁随意拆除和改扩建，充分挖掘本土建筑的潜在价值，给当地文化以充足的发展空间，同时对建筑内部允许改造和更新，使古建筑为现代的社会生活继续发挥作用。

2005年10月，在西安召开的国际古迹遗址理事会（ICOMOS）第15届大会发表了《西安宣言》，提出了新的文化遗产保护理念和保护范围，将文化遗产的保护范围扩大到"文化遗产的周边环境所包含的一切历史的、社会的、精神的、习俗的、经济的和文化的活动"。《西安宣言》的推出，为城市的实体规划及城市老建筑周围搭建了牢固的保护屏障，其作用不仅是有利于更好地保护现存有价值的城市财富，而且有利于保护一座城市的整体环境和文化，从而巩固和加强其历史价值和文化价值的保护。

四、结语

城市化洪涛来势凶猛，一不留神便会迷失于茫茫之中，如何在洪流中坚守方向，独树一帜，不仅是城市文化保护运动的初衷，亦是城市化进程必由之路。作为一名保护城市文化运动的呼吁者，和其他同行一样，我们都在为中国城市化的实现而努力。

环境设计教育与教学之思辨   李朝阳

当下，随着我国经济建设的稳步推进和文化创意产业的快速发展，艺术设计在国民经济发展过程中发挥着愈来愈重要的作用。环境设计也同样为我国城市化建设和人民生活方式的提高注入了新的活力，而设计人才作为行业的生产力，同样是中国创意产业的主力军。在应对国内暂时的经济低迷，中央提出"一带一路"的宏观形势下，面对发展创新型国家的战略机遇，面对设计教育质量带来的沉重压力，我们应该如何培养契合社会发展的环境设计人才？如何应对设计教育在新形势下的严峻挑战？

众所周知，近年来随着社会的发展和人们生活水平的不断提高，国内众多涉及艺术设计类教育的高校大都开设了艺术设计或环境设计专业等相关课程；但从市场情况来看，由于受到宏观经济大势的影响，与环境设计相关的行业发展也都举步维艰，各类设计院、装饰公司、产品公司以及材料商家为社会提供就业机会和相关岗位的可能性在大幅度消减。同时，我们更应该清醒地认识到，设计院校虽说是培养设计师的摇篮，但随着20世纪末、21世纪初全国各地院校的艺术设计专业的新设和不断扩招，国内出现了上千所具有不同层次"艺术设计"或"环境设计"专业的学校，更随着学习环境设计人数的日益飙升，全国每年都会有大量毕业生迈向社会。而这些毕业生走出校门时，却发现这些应届毕业生的求职渠道遇到了瓶颈：不少设计单位都在减员或减薪，不愿或无力去接收缺乏创新力和实际经验的毕业生，导致学生的求职前景愈加迷茫、无奈。

究竟是环境设计人才人满为患？还是毕业生自身有什么问题？出现这种现象的症结又在哪里呢？

不知何时，"玩设计""玩概念"的现象在国内设计院校中逐步蔓延，而且还不只存在于学生当中，为数不少的老师也深受影响，甚至首当其冲，以至于搞出来的设计大而无当，令人虚头巴脑、不知所云。重概念，轻功能；重创意，轻技术，从而导致学校的教学与社会实际脱节，严重忽略了设计学的功能性和社会性。

基于以上现象，笔者曾对一些开设环艺专业院校的课程设置进行了调查、探讨和梳理。发现在各类不同层次的设计院校中，无论是以培养精英人才为目标的"高大上"名校，还是以满足就业和行业需求为方向的职业型普通院校，虽然有各自的侧重和定位，也存在课程上的个体差异或师资方面的缺失，但总体来说基本上还是把课程分为基础课、专业设计课、实践应用课和理论修养课等几大模块来安排。从课程设置来看，似乎该涉及的也涉及到了，该教的也都教了，那么为何还存在诸多问题，使设计教育原地踏步、难以跨越？抛开学生可能存在的自身问题，我们的教育理念、教学定位有无缺失？

究其原因，教学定位与课程设置的失衡也许是其症结所在。

我们知道，环境设计涵盖着两个层面的意思：一个层面是设计创意，把需要设计的内容构思出相应的解决方案，并使其具有一定"特色"和"美感"，以此来满足社会的审美和业主的评判；另一层面则是提出解决设计创意的方法，并通过技术层面付诸实施，使方案能真正"落地"。但现在很多设计院校尤其是"高端"院校，在教学时过多强调设计的艺术形态而常常忽视技术层面的启发，认为在大学中培养学生的"想法"最重要，设计时只注重方案所谓的原创性、艺术性，而很少顾及或根本无视如何实施或实施中可能存在的问题，对相应的技术范畴缺乏必要的了解和掌握，缺乏夯实其真正价值的基础，使设计创意充其量也只能停留在图纸上或储存在电脑硬盘里。这种偏激的"理念"直接影响到环境设计的教学，致使很多学生"学历不低、能力不高"，只会玩"虚"，迷恋炫"酷"，甚至在审美层面也扭曲成了装腔作势的"审丑"；也有不少学生临近毕业时却连"制图"还未过关，未免有些贻笑大方了。

显然，提升设计教育的整体水准迫在眉睫。

一、注重审美环境教育

有名人曾说过：人创造了环境，环境反过来也创造了人。显然环境对人的影响和环境对人的成长是不容忽视的。环境教育也能对人生产生潜移默化的教化功能，从而规范人的思想和行为模式，甚至影响人的品行道德和发展方向。正如英国古典主义艺术理论家贡布里希所言："一个人可拒绝学习，拒绝识字看书……但一个人无法拒绝来自周围环境的教育影响。"……可见环境对人格品质的塑造起到重要作用，因此我们需要觉悟，需要被提升；也更需要审美提升，更需要环境教育。

环境教育的作用是宽泛的，但审美环境的教育职责却落在我们设计教学上面。价值观是逐步形成的，审美观也是需要培养，不会与生俱来、一蹴而就的。我们曾经、已经、仍然被"权力美学""权威美学"绑架着，并以此作为主流审美观、价值观来"弘扬"，甚至以此为时尚。这种同质化的取向只能使人朝着同一个的方向行进，而缺失了对差异化的尊重。令人遗憾的是，这些似乎呈现出主流状态的设计陋习与美学意识普遍缺乏对人文精神及地理差异的理解和尊重，使真正注重文化追求的设计遭受冷遇、排挤，以至于很大程度上，时尚精神胜过了场所精神。这种状态实质上已经脱离了人们的需求和设计的本质，因为在社会价值标准处于混沌的情况下，所谓环境设计的创新只能屈从于怪诞的造型堆砌和视觉冲击力，变得愈发盲从、浅薄和无助，却不能静下心来，踏踏实实做好应该做的事。

毋庸置疑，设计教育培养学生的创新力固然重要，但作为环境设计专业教学体系的重要组成部分，对人文及审美等综合素质的培养也同样不可或缺。

二、重视设计实践教育

再回过头来，一个设计者，若对材料一无所知，或一知半解；对施工现场很少涉足，缺失空间体验；对材料市场很少光顾，没有亲身感受；对行业动态很少关注，缺乏宏观视野。如此状态，怎能做好设计？怎能使设计之美得以有效、合理地呈现？

一个设计师的成长历程是贯穿于大学教育与行业发展之中的，大学教育是学生汲取知识、理性思辨的奠基石，用人单位则是设计师蜕变成长的加速器。因此，我们在学习和设计工作中，不可忽视设计与社会实践的联系，不可使设计教育与社会严重脱节。既然设计的目的不是为设计者自身，而是为了社会大众，那就要求我们必须深入"基层"，亲近和融入社会，了解人们的生活方式，洞察市场和消费趋势，而不是将其设计局限于概念层面。使实践教学与产业需求衔接起来，使企业、学校的教育资源互融共生，使我们的教学厘清主次、突出重点，使不同层次的院校对各自培养的方向合理定位，对课程设置、教学方式进行有效对接，以提高学生在设计过程中发现问题、解决问题的能力。

三、戒除功利心态

不可回避，"功利"已经成为我们当下许多人的状态，而文化中的实用主义倾向，一旦同功利产生联系，则进一步加剧了对底线的背离，逐步丧失了对文脉传承的坚定态度和对历史持续的热情。在实用主义思想影响下，我们堕落为"技艺崇拜""物质崇拜""数据崇拜""功能崇拜""明星崇拜"。最终，功利导致了盲从、畸形，使得一切规则的底线均面临突破和崩溃。

其实，功利本身算不上什么罪过，而是断绝了对职业操守和神圣责任的感知与追求，最终为走向自私、庸俗推开了第一扇大门。功利与文化中的实用主义也十分相似，均是出于"自我"与文化中的人本主义。自我在人本主义思想的影响下不断发展，直至成为至今极端的自我膨胀。反观我们近年来的设计，仍存在着一个病态心理：不是这个流派占上风，就是要那个思潮处于主流；不是流

行这种时尚材料，就是那种材料已经过时被淘汰。

时下，电脑网络已无孔不入，甚至占据了教育的中心位置，取而代之的则是出自电脑画面的图像世界。可是这些作为设计成品的图像，却不再能让人在脑海里形成相应的空间形象，结果想象力和创造力便随之萎缩，于是大家只能不停地、周而复始地"山寨"那些已有的东西。与此形成对应的，则是中国高校占主导地位的教学体系，还不能迅速促成这些极不成熟的自我人格发展进程；而知识的传授，倒如同中小学一般，依旧还是填鸭式的，使学生们无心或无暇通过主动学习积累经验，难以形成自己的思辨能力。

显然，培养只懂专业的书呆子是不够的，更要培养具有专业素养、实践能力和社会责任感的人才。否则，很难从文化层面来构建健康的设计生态。

因此，对于设计教育，不但要加强审美环境教育，还要驱除功利心，拒绝攀比，而二者都离不开成熟的心态与理性精神的培养。那么作为环境设计，视觉冲击力也不是评判标准；设计也不是一种炫耀，它应该有内敛的气质、内在的底蕴、身份的认同，如此，环境设计各学科之间的关系才会趋于合理性，才会富有逻辑性。

四、成熟心态与理性精神的培养

我们都很清楚，中国发展之快的确有目共睹，但心灵的虚无和迷茫也十分让人吃惊。当财富日益丰厚的时候，在这片土地上，人们居然开始为"吃什么安全"而发愁。20世纪七八十年代的中国，物质贫困，设计萌动；90年代开始却正好相反，物质富裕，设计兴盛；从90年代到现在，随着国外设计思潮的冲击和对自身文化的回望，我们对设计思想

日益迷茫却是不争的事实，反而越来越迷糊了。这种局面，显露出我们的不成熟。

过去百年的我们，一直仰视西方；但一夜暴富之后，似乎又开始俯视西方。过去的谦卑和自卑，今天的自信与自负，是那么迅速而自然地在我们的身上交替呈现。只是，当我们一不留神由自信走向自负的时候，其实我们的设计仍处于抄袭、模仿状态，而我们却并不清醒，甚至还盲目自大。这种局面，也显露出我们的不成熟。过度设计也是非理性心态的显露，折射出我们对环境设计普遍缺乏思辨意识和冷静的心态，昭示出我们设计的不成熟。

上面的这些问题，有些是设计问题的表层，有些或许触及到的则是设计问题的"隐性"层面。

多少年来，我们似乎一直在重视中国的环境设计，但由于没有触及到一些本质的东西，所以多年来大都是在谈设计的视觉表象，而没有触及问题的本质；由于没有触及到本质，所以我们只能在这些表层上打转。更可气和可笑的是，我们往往刚刚为一个错误的设计失误付完高昂的学费，却又开始为下一个类似失误支付更高昂的学费，以至于成为我们很熟悉但又麻木的逻辑循环。

所谓的成熟是有一些标准的，走向成熟也是需要一些前提的。成熟的标准千千万，但有一条最重要的标准——理性。有了理性，一些能力也将慢慢随之而来，比如思辨的能力，比如审视的能力，比如包容的能力，比如技术的能力；有了理性，其他一些意愿也会慢慢生长起来，比如沟通、协调、取舍的意愿。

走向成熟的前提也有很多，但归结起来无非是两条：一是悟性，二是学习。悟性是先天的，学习则是后天的。注意，这里说的

学习，不仅是专业知识的学习，而是理性能力的学习与培养。有人埋头学习，悟性不足，最后可能一事无成；有人悟性很强，但缺少的是"临门一脚"的理性精神的学习和培养。我们的诸多学生包括老师，大抵都属于后者。实际上，中国人的聪明和悟性毋庸讳言，不然我国的环境设计行业不可能在短短三十年里取得如此瞩目的发展。但我们缺少的往往就是这最后的"临门一脚"，亦即理性精神的学习和培养。千万不要小看了这"临门一脚"的缺失，它往往使我们在设计时无法深入、盲目攀比。聪明和不成熟，就这样浑然合一地"缝合"在我们设计师精神世界的深处，值得我们反思。

我们可能已经感觉到，很多时候设计创意都是由技术、材料等理性知识引发而来的，在特定情况下甚至技术比艺术更具有前卫性。现在不少所谓的前卫性设计，乍看颇具视觉冲击力，其实使用的技术手段和处理手法大多相当粗糙甚至落伍，仅靠怪异的形象吸引人们的眼球，很难让人产生共鸣。显然，不可将技术游离于设计之外，它是保证设计得以实施的前提，是设计创意的助推剂和推动力。若将技术与教育脱节，必然会使学生缺少实施的意识、造价的意识、业主的意识，只是自己一门心思做所谓"好看"的设计。艺术可以让人不懂，但设计却应让人接受。毕竟设计属于服务范畴，更不是孤芳自赏地玩艺术，它必须有材料、工艺、造价等支撑才具有可行性。

不可否认，设计创新离不开技术的支持。在设计过程中，如果不具备对技术问题的驾御能力，可能就会无意识地回避很多问题，结果很难经得起推敲，最后可能连功能问题都解决不了。在学习阶段，你可以不精，但不能不懂。众所周知，德国包豪斯设计学院

建立于1919年，虽在1933年就被关闭，但仅仅14年的寿命却对后世产生了巨大的影响，其教育精髓其实就是艺术教育与技术教育的有机结合。因此，若使设计创新能够落地，还需要技术层面的知识给予支撑和协同。不难发现，历史上诸多设计大师也都是"长袖善舞"的多面高手，令人仰视。

五、设计创新能力的培养

不知我们是否意识到，在西方设计思潮的感召下，我们不少设计师基本丧失了独立创作的精神，一方面被强势的西方意志所"指导"，过多强调西方形式或概念模仿，忽略了设计作品的文化内涵；另一方面在利益权衡和形式创新的双重压力下，妥协为世俗化的概念推销者。虽然一时甲状腺亢奋的设计可能会眼前一亮，但因缺乏生活内涵，造成肤浅的精神误导。现实中强加于设计之上的"精品垃圾"也比比皆是、不胜枚举。

诚然，我们学习先进的现代设计理念，不仅要关注形式，还要注重创新意识，广为吸收外来文化、融会贯通，并对设计教育有树立正确的认识，逐步构建合理的教学体系和定位。一味跟着别人的步伐走，就不仅是设计的问题，更是设计教育体系缺乏创新的恶果。创新能力的教育会从根本上影响到我国由"制造大国"建成"创造大国"、"设计大国"，将直接影响到中国设计的国际竞争力，直接关系到我国设计教育能否健康、可持续地发展。

写到这里，可能很多院校会质疑：我们以前的教育也是如此，为什么没有出现当下这种"窘境"？甚至前些年用人单位还抢着要学生？对此种说法不难解释，那是因为以前我国的设计市场尚处于比拼效果图的低层面，设计教育也停留在对界面的装饰或表皮

的包装上，而对于空间构造和技术实施还缺乏理性认识，更缺乏环境意识的宏观理念。随着现代社会的高速发展，设计市场也同样发展迅猛，人们的视野更加开阔，审美的边界也愈加拓展，各种新型材料和现代技术也相应提高，人们对室内外空间环境的要求也会随之"水涨船高"，早已不再满足于对空间界面的简单包装，而更强化对空间的温度、湿度、通风、照明、智能等物理效能，强调绿色设计，强调可持续发展。无疑，也就相应的提高了对学生"看得见"和"看不见"的"隐性"能力的要求，提高思辨能力，凸显出对环境设计的教学改革的迫切性和紧迫感。

毋庸置疑，环境设计作为一个系统化、综合性较强的专业学科，它涵盖了诸多相关专业门类，技术与艺术、理性与感性共同交织在一起，构成一个较为庞大的专业体系。我们有理由相信，如果设计教育缺乏清晰的思维"路线图"，必然会使教学产生偏离，更会使学生的知识结构和思辨能力产生失衡。因此，只有变革设计教育之理念，方能使我们所构想的环境设计之梦不受羁绊，方能自由翱翔于设计创新之天空。

装饰材料创作营
——基于材料认知与应用的实验教学模式探索 杨冬江

图1 装饰材料创作营学生作品

图2 装饰材料创作营学生作品

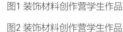

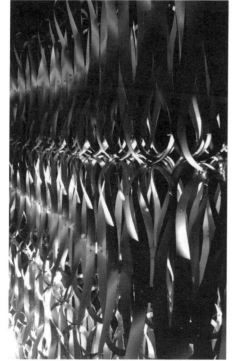

图2

高等教育人才培养的改革与创新是新世纪我国建设创新型国家的一项重要举措,其核心理念便是加强实验教学环节,通过实验教学推进高等学校的教学质量和人才培养模式。2007年,清华大学美术学院装饰材料应用与信息研究所创办了以装饰材料应用与创新实验教学为目的的"创意未来——装饰材料创作营"。"装饰材料创作营"与环境艺术设计系每年暑期的本科专业实践课程相结合,将新技术、新材料在环境艺术设计领域的应用研究作为专业实践教学内容的主干,开展了"材料应用与创新"实验教学体系的研究与探索。

"装饰材料创作营"每年举办一届,每次历时三周时间。除清华美术学院环境艺术设

计系的师生参加以外,"创作营"还同时邀请多名具有丰富实践经验的建筑师、室内设计师作为带队专家,并组织多所国内外一流设计院校的师生共同组成不同研究方向的探索小组,借由体验不同特性的材料,相互交流与启发,探寻不同的创意空间,激发新的设计思路(图1~图3)。作为本科专业实践课程的重要环节,"装饰材料创作营"分别由企业参观调研、材料知识专题研讨、概念研讨、概念发布、创意制作和成果展览六部分组成。

"装饰材料创作营"从创办至今已连续举办8年,从无主题到有主题,从两所院校到八所院校,从本土到逐步国际化,不仅影响力在不断扩大,学术深度也在不断加强。从2009年开始,"创作营"每年确定一个创作主题,并根据主题将不同院校的学生和带队专家分成若干小组,通过学生敏锐的思维,运用由不同材料企业提供的多种类型的材料,尝试不同材料组合的多种可能性,重新发现生活中人们已习以为常的问题,记录不断闪现的思维碰撞与创意火化。各组师生通过亲身的观察、触摸与创作,拓展材料表达方式的极限。每年参加"创作营"的师生近百名,分别来自国内的清华大学美术学院、中央美术学院、天津美术学院、上海大学美术学院以及韩国首尔大学、建国大学的相关院系。

作为"装饰材料创作营"的发起者和主办方,清华大学美术学院的教学理念和办学方针一直以来受到国内外教育同行的关注。1999年,中央工艺美术学院并入清华大学后,

图3 装饰材料创作营学生作品

按照清华大学建设综合性、研究型、开放式的世界一流大学的总体办学思路，清华美术学院提出了加强艺术与科学的结合，注重培养学生的创新精神和创新能力，以创作、科研促进教学水平的不断提高，构建具有鲜明特色的国内领先、世界一流的美术学院的目标。

目前，国际上对于世界一流大学尚没有一个被普遍公认的严格定义和量化的评价标准。综合性大学中的美术学院如何创建世界一流，如何开展实验教学，一直以来困扰着专业教师和教学管理者。艺术设计专业的实验教学既不同于综合大学中的理科和工科，也不同于其他文科：首先，艺术设计专业涵盖面广、分支众多，对应的企业、市场和管理政策等更趋复杂，难以有统一的课程组织模式和对外出口；其次，设计专业的实验教学综合性极强，如何保证教师以专业判断，

综合心理学、社会学、工程材料学、管理学等诸多学科成果，对实践课程进行总体把握非常困难；最后，与其他文科专业相比，设计专业强调成果的实体化和有效性，大量借鉴其他文科的教学经验很不现实。因而在较长时间内，国内综合性大学中几乎没有任何现成经验能确保各艺术设计专业实验教学的有效和持久。

环境艺术设计领域中新技术、新材料的大量涌现，正在影响到设计思维与观念的转变，材料带动设计已日益成为一种趋势和方向。同时，在清华建设研究型大学的背景下，高水平的实验教学是大学研究的重要支柱，也是艺术设计学科的立足根本。可以说，"装饰材料创作营"正是以清华美术学院环境艺术设计系的实验教学为工作核心，力图在诸多难题中寻求出路的一次有益探索。在课程

规划和结构设置上，综合考虑了本实践课程的示范性和环艺设计的专业性。

作为研究型大学课程教学的有益尝试，"装饰材料创作营"力求增强环境艺术设计专业实验教学的有效性，提升相关课程的授课水平，并对综合性大学中的艺术设计专业实验教学模式进行探索。其教学目的是提高学生对材料的理解和认识，建立与材料的互动和情感；通过对创作主题的表达，增强对于材料的质感和可塑性的掌握；学习对细部设计及构造的研究方法；以可持续的眼光看待材料，积极探索材料应用的全新可能性。

良好的理念在教学中实施的确需要特殊方式，并依据学生的理解能力，兼顾教师的执行能力。"装饰材料创作营"在课程安排中遵循"由浅入深、动脑与动手相结合"的原则，先确定创作主题、创作小组以及各组所使用

图4 装饰材料创作营学生作品
图5 装饰材料创作营学生作品

图4

图5

的材料,然后安排各小组参观材料的生产过程、了解材料特点和使用现状,师生们通常在这个过程中已经根据创作主题初步确定了作品形式。之后通过与教师的反复商讨、制作模型和到厂家再次调研等方式,将作品深化和细化直至完成。在此过程中,学生以往的设计经验得到强化。先确定方案、经过反复讨论最终完成,其实是几乎所有的设计专业都遵循的工作方式,"装饰材料创作营"的课程安排也遵循这样的规律。所以本课程的主轴与其他设计课基本一致,只是根据课程要求增加了参观调研、概念发布、团队制作等许多新鲜内容,这在客观上保证了学生对课程的理解能力和完成度,也保证了教师指导创作时的学术质量。

虽然"装饰材料创作营"的课程内容强调学生的实践能力和动手能力,但这并不是对研究型大学办学思想的否定,恰恰相反,这是一种非常有益的补充。一直以来,学术界、甚至许多教师都对研究型大学有所误解,认为所谓的研究就是争取科研立项、撰写专著和论文,我们认为这其实是对研究型大学理解的某些"误读"。研究型大学绝对不是否定经验型和实践性知识的价值,而在有限的课时范畴内,对这些知识的水平和传递方式有了更高要求。"装饰材料创作营"的课程内容、安排方式、组织方式等,都集中体现了我们的教学理想,也是对设计院校实验教学模式的大胆尝试。

从第一届"装饰材料创作营"开始,产、学、研一体化的模式便始终贯穿整个课程之中。其间,带队专家对于专业教学与研究的执著态度,莘莘学子充满活力的激情投入,

以及国内外知名材料企业对于创意活动的鼎力支持,是创作营举办规模和学术影响力逐年壮大的关键(图4、图5)。

"装饰材料创作营"积极争取全系教师的支持与配合,每次课程均聘请系内教师参与其中,既保证每次课程的创新观点,又让更多老师了解本课程的特点和价值。同时,保证外校师生的参与程度和成果显示度,让他们保持参与课程的积极性,使创作营成为每年暑期国内外设计院校环境艺术设计专业师生交流学术和增进感情的难得契机。创作营的带队专家主要来自于国内及韩国著名的高校,每一届接受邀请的带队专家都全身心地投入到整个活动之中。另外,活动也会邀请一流的建筑师、室内设计师以及艺术家参与其中,王辉、梁建国、马岩松、李存东赵虹、殷智贤、刘孜等有着不同专业背景和丰富阅历的老师给创作营营员们带来了更多的经验与灵感。

在课程的组织筹备过程中,"装饰材料创作营"充分利用社会资源,让特点鲜明、注重设计、技术先进的材料厂家提供创作原料

和技术支持人员,保证学生在课程中对材料和技术特征的体验真实有效,甚至能指导他们今后的设计思维方式。正是有了国内外一流材料企业的鼎力支持,创作营所建立的让同学亲身触摸并挖掘材料艺术表现力的学习目标才能得以真正的实现。在前几届的创作当中,无论是老师还是同学还都有一定的心理负担,认为企业在为活动提供了支持与帮助的同时,我们如何能够在创作当中对于企业有所回报。但通过几年的合作,我们发现其实是我们多虑了。可以说,鼓励和培养中国未来设计师的成长,是这些企业支持和参与创作营活动最为简单而纯粹的目标。与此同时,经过几年的摸索,如何与材料企业有效地建立产、学、研一体化的合作模式也正在逐步得以确立和完善。

在教学创新方面,"装饰材料创作营"有其独特和鲜明的理念。

第一,是"材料应用与创新"实验教学体系的研究与实践。"装饰材料创作营"以加强学生实践能力和创新精神培养,提高人才培养质量为目标,通过实验教学内容的研究

与实践，积极构建艺术设计教育理论与实践相结合的全新教学体系。

第二，是产、学、研一体化合作模式的探索。在装饰材料技术的研究与推广领域，产、学、研一体化的合作模式尚不成熟。"装饰材料创作营"从创办之初，便得到了国内外一流材料企业的支持与配合，活动的连续举办不仅探索和拓展了专业教学的广度和深度，同时对于国内企业自主品牌的开发与企业文化建设也起到了积极的推动作用。

第三，是强化学生的实践能力和创新精神培养。在现有的教学环节当中，对于建筑及室内材料的应用以及表现力的挖掘相对薄弱，对于新型材料的认知与掌握程度的欠缺更成为制约学生设计水平提高的瓶颈。通过"装饰材料创作营"的实验教学过程，使学生能够更好地运用所掌握的专业知识，丰富实践经验。由于所有的作品都由学生自己动手完成，因此也很好地提高了学生自身的专业技能。

第四，是高水平院校的横向联合。"装饰材料创作营"所邀请的院校充分考虑了地区差异（如北京、上海、天津和韩国首尔等）、院校性质等方面的差异（如美术学院、综合性大学等），同时还充分考虑了指导教师的身份差异（院校教师、设计师、材料公司技术人员、理论研究者等），让不同学术视角、学术观点的个人和群体在课程中讨论交锋，使得每次课程不仅是学生学习的良好机会，更是参与教师自我提升的绝好时机。

第五，是善用媒体的力量，传递学术信息。随着课程组织水平的提升和参与师生意愿的增强，对本课程价值观的推广越来越成为必须，于是通过网络、电视、专业杂志和其他平面媒体等的推广活动，越来越成为课程的有机组成内容，而且收到了良好的社会反馈，也成为清华大学美术学院学术形象建设的有益补充。中央电视台、中国教育电视台、美国《室内设计》中文版、《装饰》《艺术与设计》《建筑装饰装修》等专业期刊以及《北京晚报》《北京青年报》《中国建设报》和搜狐网、美国室内设计中文网等相关媒体对于每届"装饰材料创作营"的成功举办均给予了深度的报道。搜狐每年对"创作营"的开营仪式、概念发布以及展览开幕式进行网络直播，并开设官方博客和微博。

作为产、学、研一体化的合作模式的初步尝试，围绕装饰材料应用与创新研究的"装饰材料创作营"，在主题选择、材料运用以及创作模式等方面还存在一些需要改进和提升的方面。但我们坚信，在诸多专业同仁积极热情地参与支持下，在他们充满激情的鼓励与带动下，包括"装饰材料创作营"在内的各类实验教学活动今后一定会越办越好，学校的专业资源和优势将应用于教育事业之外的更多专业领域，更好地服务和回馈于社会，并培养出更多具有国际视野和学术水平的专业人才，它们的影响力和示范推广作用会得到更多专业设计院校的认可（图6、图7）。

图6 装饰材料创作营师生合影
图7 装饰材料创作营学生作品

图6

图7

三维造型与空间设计 刘东雷

三维造型的学习对空间设计有着巨大的影响。三维造型课程脱胎于三大构成的立体构成，是指用一定的材料、以视觉为基础、以力学为依据，将造型要素，按照一定的构成原则，组合成美好的形体的构成方法。它是以点线面体为元素，研究空间立体形态的学科，也是研究立体造型各个元素的构成法则，其任务是揭开立体造型的基本规律、阐明立体设计的基本原则。在所有设计基础的课程中，三维造型同空间设计的的关系是最为紧密的，因为同空间设计一样，三维造型的学习过程也是将特定的形体——点、线、面体，进行分割和组合，以期达到符合一定审美标准或特定主题的构造形态，这两者之间有非常多的相似之处，所以在现代建筑设计或规划设计中，随处可见三维造型的影响。甚至一些著名的建筑设计作品，其本身就是一件融入了基本使用功能的三维造型作品。

建筑设计中将最基本的几何形体进行分割和解散，再依照一定的规律将其重组，从而产生各种各样的建筑形态和内部空间，而景观设计中则更多的用线和面的不同组合来控制道路和绿地，以期达到符合功能需求和审美标准的空间形态。至于建筑设计和景观设计中与人类活动相关的功能需求和与经济相关的材料和构造部分，由于其特有的专业性，将不在本文的论述范围中。

那么在传统的三维造型教育中，哪些内容对空间设计具有直接的影响呢？三维造型是空间设计的基础课程，通过三维造型的训

练，我们应该让学生得到哪些方面的知识和启迪呢？通过以往的授课经验，我认为应该从四个方面训练学生，帮助其完成从一个艺术造型类学生向空间设计类学生的转变。

第一，艺术设计类思维的认知和习惯养成。众所周知，艺术造型和艺术设计在思维方法上存在着巨大的差异，造型的思维模式往往是点式的，围绕着一个主题不断深入和完善；而设计的思维是线性的、发散的，要求学生拥有较强的逻辑思维和从多个角度观察和研究事物的能力。一件设计作品不仅仅是满足视觉上的审美需求，还要考虑功能、使用方式、材料、造价等一系列问题，如果是空间设计，那还要考虑对环境的影响、使用者的动线等更为复杂的问题，空间设计的规模越大，要考虑的制约因素就越多，所以设计的思维不可能是点式的，一定是一种具有很强的逻辑性的线性思维。但是，艺术设

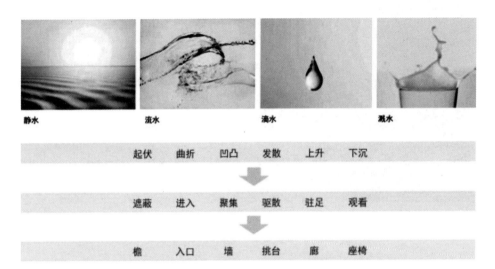

静水　　　流水　　　滴水　　　溅水

起伏　曲折　凹凸　发散　上升　下沉

遮蔽　进入　聚集　驱散　驻足　观看

檐　入口　墙　挑台　廊　座椅

图1 清华大学美术学院学生设计作业（作者：王晨雅）

艺术设计的教学中，学生对于艺术性的联想是与生俱来的，这也是艺术类院校的巨大优势。在这张作业里，学生通过对不同形态水的观察，总结出各种状态水所代表的深层的心理暗示，将这种暗示同空间功能相联系，最终赋予不同的形态，这种典型的线性思维模式正是三维造型课程需要学生掌握的。

计又有别于工科设计，她脱胎于艺术，自由联想和对于已知事物的模仿又是其存在的基础和特征所在。所以隐喻、描摹等手段也在艺术设计中司空见惯。如何把握艺术设计中的思维模式将是设计基础教学中首先要面临的问题（图1）。

第二，探讨造型艺术的共性，摒弃浮华因素的干扰。三维造型的研究对象基本都是最简单的几何形体，训练学生通过对最简单的点、线、面、体进行组合、穿插来表达自

图2

图3

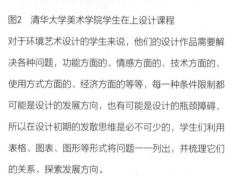

图2 清华大学美术学院学生在上设计课程

对于环境艺术设计的学生来说，他们的设计作品需要解决各种问题，功能方面的、情感方面的、技术方面的、使用方式方面的、经济方面的等等，每一种条件限制都可能是设计的发展方向，也有可能是设计的瓶颈障碍，所以在设计初期的发散思维是必不可少的，学生们利用表格、图表、图形等形式将问题一一列出，并梳理它们的关系，探索发展方向。

图3 罗马万神庙

己的设计想法和理念，在此过程中，学生的关注点被严格控制在比例尺度、几何形态、对称关系、组合与分解等相对单纯的问题上，从而屏蔽了表层的、形象化因素的干扰，将注意力放在探讨共性、研究基本规律上，这一点对于刚刚进入专业学习的低年级学生尤为重要。艺术设计专业的学生在入学前都有较好的绘画功底，其审美标准也往往是建立在造型基础之上的，偏重于形象化和感性，将这种直观的反射式的审美取向转变为抽象

的、深层的、对美的共性的探讨，将是学生在这门课程中最大的收获。

第三，培养高效的创作能力。由于摒弃了事物中繁琐、多变的表层因素的困扰，设计者的精力将集中在最原始的设计语言上，这使在短时间内产生大量的设计作品成为可能，从而使设计效率变得更高，同时促使学生改变以往的比较单一的设计思路：刚刚进入专业学习的学生往往善于对一件作品进行不断的完善和深入，但是缺乏从不同角度看待问题，尝试多种解决问题方法的能力，即点性思维过于强大而发散性思维明显不足。点状思维无疑可以让一件作品尽善尽美，但是在设计初期，利用发散性思维探讨更多的设计思路更加重要（图2）。

第四，养成空间的观察习惯。设计专业的三维造型训练最大的特点是加入了空间的概念。以往三维造型的研究方法是注重表象的，或是由外向内的，但是空间造型更注重由内而外的观察效果，更加注重由实体围合

而成的虚空；传统的三维造型注重单独个体的艺术效果，并且将作品置于空阔的较单纯的空间里，但是空间造型的研究对象更多是不同形态、不同性质的单体的组合，重点研究它们之间的对应关系，并把这种关系外延到整个环境，从而形成一个有机的整体；传统的三维造型大多是静止的，或者固定在单一点位上的，而空间造型由于"人"的加入，强调体验性和现场感，让空间变得流动起来，并且使多角度观察成为了必须要考虑的问题。所以，空间概念的加入不仅仅是将三维造型的研究对象简单扩大，而是在根本上改变了创作者的设计思路和观察角度，这将是一次彻底的根本性的转变。

在三维造型设计中，最重要的部分是引导学生重新认识几何形体，在以往的设计中，单纯的几何体如球体、锥体、方体等因为它们原始、单一的形态属性，往往能够吸引设计师的注意力从而成为建筑设计的主要设计语言，但是正是因为此类几何体具有完美的

图4

图5

一元特质，所以一般具有较强的排他性，因此，若要使简单的集合体具有较好的表现力就要在其周围一定范围内留出空地。以球体作为表现主题的构筑物在具体的实现过程中尤其困难，罗马的万神庙（118-135年，图3）在这方面是一个有趣的例证，它的结构基本是一个直径45米的穹顶和一个等直径圆柱体的组合，在建筑内部观察，可以得到一个几近完美的球型空间，其向心性和完整性是毋庸置疑的，完全体现了单纯集合体无可辩驳的完美性；但是在它的外部，由于受到临近建筑物的挤压，并且前部的广场面积太小，没有良好的观察角度，所以恢宏的气势完全没有表现出来。还有一个比较极端的例子就是贝聿铭设计的卢浮宫博物馆的玻璃金字塔，卢浮宫内庭院四周的建筑立面设计非常丰富，而且空间并不宽敞，在这样的空间条件下以四棱锥作为主题元素进行建筑设计，无疑面临巨大的挑战。为了避免同周围古典建筑发生激烈的冲突，贝聿铭在保证金字塔形态完整性的前提下，用透明度极高的玻璃作为主要建筑材料，从而弱化了金字塔的体量感，同周围的环境达成了一种微妙的和谐（图4）。

正是因为纯粹几何体的这种特质，所以在三维造型设计中常常需要将它们分解、重复、连接，虽然削弱了简单几何形式本身的完整性，但是在各个形体之间产生的关系却对作品整体产生了积极的影响。

在看似杂乱无章的几何体组合中，有几种基本的组合形式是学生必须掌握的，即单一形态集合体的重复、保留几何体外部形态特征的内部分割、不同性质几何体的分散和聚合以及对于几何体的切割。

单一形式几何体的重复是几何组合中最基础也是最简单的组合方式，随着简单的几何体的不断重复，单一形体的完整性被削弱，纪念意义由单一的向心、集中式，转变为分散、扁平式，从而出现了重复、加强的环境氛围，而且在形体之间产生出独特的空间。

几何体的内部分割首先要保证几何体的外部形态基本完整，内部空间不同的分割形式会产生不同的艺术效果和功能属性。如安藤忠雄1976年设计的住吉长屋（图5）就是一个典型的外部形态简单，内部空间丰富的案例。在外形呈长方体的建筑中，内部纵向被分成了三部分，分别放置楼梯、庭院、功

图4 贝聿铭设计的卢浮宫博物馆扩建部分

单纯的四棱锥体同卢浮宫原有的巴洛克风格的建筑立面并不协调，而且卢浮宫的内庭院已经容不下任何稍具体量的构筑物，所以采用透明材质，弱化四棱锥原有的几何特性似乎成为唯一的选择。

图5 安藤忠雄设计的住吉长屋

建筑的外部形态是一个封闭性很强的长方形，但是内部却被划分成不同的功能空间，上下连通，错落有致。

能房间等，呈现出简单明了却内涵丰富的空间效果。

不同性质的几何体组合在一起，依据某种特定的条件和规律相互重叠、融合，在不削弱每一个几何形体自身表现力的同时让它们之间产生紧密的联系，塑造出丰富的，复杂的新形态。这无疑是一项艰难的设计工作，几何体之间的分散或汇聚并不是随心所欲、毫无章法的，每一种几何体都有它们特有的图形规律，如轴线、朝向、对称关系等，每一种几何体也都有它们隐含的图形表情，如饱满、平衡、锋利、速度等，要尊重每一个形体的自然属性并且把它们组合在一起，才能够得到完美的聚合效果。

图6 三维造型作业"群落"（作者：岳祥、孔兑亨、于景、高晴月、金贤真、欧阳诗琪）

这件作品的空白部分是作品形态的主体，白色布料的曲线边缘将一个富有层次的、多变的负形挤压出来，形成层层递进的效果，阐释了"群落"的设计主题。

几何体之间的切削更多是利用了"负形"的原理。从形态的"图形与背景"的角度来看，被切削的部分被赋予"图"的性质，很像中国书法里的"计白当黑"，当被切削的部分以完整的几何状态出现，并且成为空间的主体的时候，被切削的形体，即实体部分反而成为了背景，如何处理好"虚体"和"实体"的关系也就成为此类课题值得注意的问题（图6）。

在三维造型设计中，比例及尺度感的建立是十分重要的。完美的比例是产生三维造型美感的主要因素之一，对于这一点，几乎所有的设计师都有切身体会，虽然很多设计师并不会从正面去论述这个问题，但是对于比例的敏锐感觉已经融入到设计师的血液里，从而无时无刻不被体现出来。对于形体间比例的推敲或是整体同局部的比例关系的调整往往被视作设计工作的重要部分，所以设计师们尤其是同空间打交道的设计师们对于比

例观念的确立都是极为重视的。

比例虽然如此重要，但是要具体考虑什么样的比例适合某件作品时，可以选择的答案是多种多样的。在选择比例的方法和对比例的直观感觉过程中，我们可以看到不同设计师的审美标准，也可以看到设计师所处的时代、地域和文化对设计师产生的影响。例如在古希腊，建筑师们潜心研究柱子的收分、柱头的样式以及檐口的尺寸从而创造出了一套完整的所谓"柱式"的比例法则，这套柱式在相当长的时间里统治着西方建筑领域，并一直影响着后来的建筑设计师；但是在遥远的中国，宫殿的建造者们更加关注开间大小同梁柱的比例关系，最终根据斗拱截面的大小创造出了一套称为"材"的建造法式，并用这套营造法式影响了整个东方世界几个世纪，并一直延续至今。所以绝对完美且唯一的

比例关系是不存在的，正如建筑大师勒·柯布西耶所说："建筑师就是通过将他个人纯粹的精神创造付诸具体形式，实现有序性，通过形态强烈地刺激我们的感觉，激发我们对形态的感动。此时，通过产生出的比例唤起我们内心深处的共鸣，给予我们一种与世界协调的有序的节奏感，决定着我们的情感和心理活动，于是我们感受到了美。"

纵观比例的历史，在18世纪以前，西方世界的确存在着一种基于数比关系的比例。受到当时宗教和文化的影响，人们认为世界的基本构造是以人体的比例为基础的，人体的比例是完全协调的，将人的各部分比例一一列出后就得到了一组完美的数据，如果让一个形体优美的人伸开手脚，就可以得到一个正方形或圆形，而圆形的心点正好是人的肚脐。这样的人体比例应当运用到神庙等重要的建筑设计中去。并且以此为依据发展出了一套极为复杂的计算公式，达·芬奇和切扎列奥努都曾经撰文绘图来解释这一理论，并且将它应用到绘画和建筑中去。受此影响，文艺复兴时期发展起来的比例理论十分推崇圆形和正方形，建筑师们尝试用各种方法去研究使用圆形和方形来调整建筑的立面比例，并做出了许多伟大的建筑，阿尔伯蒂设计的新圣玛利亚教堂（1530–1546年修建）就是其中的典型案例。

尽管如此，用现代的设计观点来看，"完美比例"的观念还是让人充满疑虑的，如果

真的存在那样一个完美而且唯一的比例的话，那么所有的设计形态都会朝着相同的方向发展，我们的生活将充斥着依据相同法则设计出来的产品，从而最终导致设计的死亡，这样的结果并不是人们所希望的。所以在现代设计中，比例的作用已经不是具有普世价值的世界观的体现，而是设计师完全个人的感性方面的考量，在对待比例的态度上，人们更加倾向于直观的感受而非数比关系的计算，所以在现代建筑设计作品里，很难发现统一的比例关系，每个设计师都有自己所青睐的比例，有的设计师还在不同的设计阶段运用不同的比例关系乃至图形语言，真正做到了百家争鸣，百花齐放。但是在现代的设计中，比例的设定是否就完全没有依据可循，天马行空了呢？恐怕也不是这样。首先，现代设计中的比例也是一套构思严密、计算精准的体系。如柯布西耶就曾经在《设计基本尺度II》中详细论述了处理比例常用的三种方法，并且发现了用正交斜线决定整体与局部关系的"控制线"，并且在其建筑作品中反复使用。可见任何设计师的比例运用虽然不受统一的恒定比例约束，但是一般会有可以自圆其说的内在规律的，这一完全代表设计师个人情感的比例数据带有极强的自我烙印，往往是终其一生都在使用，并且不断完善，是一个非常缜密的设计系统，绝不是一蹴而就，信手拈来的即兴之作。其次，现代设计中更加注重环境的影响，比例的引用成为了司空见惯的情况，虽然不是直接引用周围环境的局部尺寸，但是借鉴环境的抽象比例关系已经成为空间设计的常用手法。例如理查德·迈耶设计的法兰克福工艺博物馆新馆，就在建筑立面的开洞模式上直接参考了旧建筑的比例关系，从而寻求新旧建筑之间的连续性（图7）。这种尊重历史、延续文脉的设计方法已经被大部分公众认可并且成为潜在的评价标准。

综上所述，设计类专业的学生在学习三维造型课程时，不是简单的知识点的学习，而是设计思想的转变和设计方法的初步形成，老师应当鼓励学生广开思路，发散思维，寻求达到设计目的的各种方式，毕竟艺术设计的目标虽然只有一个，但是结果却可以是千变万化的。如果学生的领悟能力较强，可以敏锐的发现自己感兴趣的图形并且能够深入研究下去，老师应该鼓励并且帮助其从不同的方面完善，这很可能是一个设计师设计思维雏形的建立。

图7 迈耶设计的法兰克福工艺博物馆

为了表示对原有建筑的尊重，并且在外立面上追求比例的连贯性，增建部分的立面开窗直接参考了旧建筑的开窗比例。

景观设计教学过程控制与教师课程——以综合设计课为例 宋立民

一、景观学科的复杂性与课程的多维度交叉

首先，笔者尝试对本文涉及的两个关键概念进行解读。一个是"景观"，另一个是"课程"。

景观（landscape），在西方最早出现在《圣经》旧约全书中，等同于英语的"scenery"，景观被定义为"地球某个区域内的总体特征"，也用来描述地貌、地质属性、地表的生物与非生物等现象。在中国，"景观"一词是汉语中"风景"和"观察"的组合词，既有物态的"景"，又有心智的"观"。"景观"是名词也是动词，含义多元。近代，景观概念的前卫性导致各学科纷纷向其靠拢"交叉"，景观学科被赋予了生态学、美学、环境学、社会文化学、心理学、设计学等多重解读，其内涵与外延至今仍在动态延展中。长久以来，由于其复杂性和动态性，中西方对"景观"的完整内容一直难以确切定义。

课程（curriculum），英国教育家斯宾塞于1895年在其著作中提出的词汇，很快被普遍采用，课程在国内外教育界有多种概念，较多被定义为"科目""计划""预期""经验""教育内容"等，美国学者斯考特（R.D.V.Scotter）指出："课程是一个用的最普遍但却定义最差的教育术语。"当代学者从课程的拉丁文"currere"（意即跑道）探讨课程的本质，认为"课程"一词含有"学习的过程"之意，课程既是名词，也是动词，课程不仅指教学书面计划或资料，也包括教学活动的方式、时间等全过程。由此，"课程过程控制"也成为评价当代设计教学质量的关键环节。

以上两个词汇的多译性导致了景观设计课程的复杂性与综合性。在中国设计教育领域，园林绿化专业是景观学科的较早母体，随着近几十年生态学、建筑学、规划学、地理学、环境伦理学、社会学、艺术与设计等学科逐渐介入，景观学科成为涉及众多方向或领域的综合交叉学科，这些学科领域多重交互，边际被不断淡化，呈现出"其一，学科之间的边界相对模糊，学科的范畴相对灵活；其二，各学科之间在一定程度上同步工作，相互交融与碰撞。"的复杂结构。关于景观课程的复杂格局，不仅体现在学科建设上，也体现在景观学科的教学落脚点上。在中华人民共和国教育部2012年《普通高等学校本科专业目录和专业介绍》中，关于景观的课程分别出现在建筑类下的"风景园林学"和设计学类的"环境设计"两个二级学科目录下。风景园林学的培养要求侧重于景观的保护、规划、设计、建设和管理，主要是工科领域；而设计学类的环境设计主要针对室外环境这一特定区域，以艺术设计方法为主对室外场所进行综合分析与研究以解决相关设计问题，环境设计偏向艺术领域。一个学科内容在两个不同的一级学科中又以二级学科的面目呈现，这在国家学科目录中是少有的，直接体现了景观学科的多面性与交叉性。

本文作者是艺术设计学科教学岗位的教师，本文拟以作者执教的清华大学美术学院环境艺术设计系2015年三年级综合设计（景观设计方向）课程为例，分析课程教学环节的过程控制与教师课程等相关问题。

二、教学过程控制的理念与实践

英国学者怀特海在其《过程与实在》一书中指出："世界皆为过程，这个过程既是创造性的，又是继承性的，是万物在时间与空间中的无穷流变。"教学过程由多种因素构成，它主要由教师、学生、教学内容、教学方法和教学管理五种因素构成，其中教师和学生是主体因素，教学内容是客体因素，教学方法和教学管理是媒体因素。目前，在艺术设计教学管理层面，对于本科教学课程过程的重要性已有所认识，教学过程的意义大于教学结果也已经是教师与学生的共识，但如何在课程实施过程中控制好教学的各个节点，通过教学过程的引起、承接、转折和终止的最佳结构、方式与时间达到教学目标，仍是每一个课程需要加以探讨的课题。

笔者在本科三年级综合设计（景观设计方向）课程中，结合教学实践环节，对课程过程控制进行了初步探讨。该课程是本科三年级春季学期的主干课程，历时八周，教学以设计实践为主，强调多学科综合交叉，并以实际项目为背景进行课题的探究与设计。课程重视教学过程、重视理论与实践相结合，该课程也是学生进入大四年级毕业设计的前修课程。

2015年该课程的选题为"河北省泥河湾考古遗址公园景观设计"，该项目是笔者近年

参与设计的实际项目，课题教学目标以考古遗址公园可持续发展为设计理念，通过现场调研勘察与景观评价，结合场地各种地理要素与场所功能要求，提出具有保护性开发的可行设计方案。作为本科课程教学选题，笔者将原有甲方设计任务书依据课程教学侧重点进行了调整，增加了对场地进行景观评价并强调生态性、可持续性及视觉美学指标的介入与强化。

根据笔者对当代学习方式与教学改革的研究以及多年教学经验，借鉴当代课程控制的4R标准理念对课程教学过程进行计划与实践，4R标准理念即课程的丰富性（richness）、关联性（relation）、回归性（recursion）和严密性（rigor）。

其一，课程过程的丰富性（richness）体现在多层面，首先是课程目标的丰富性，其次是课程教学方法与教学手段的丰富性，之后是教学成果的丰富。课程目标的丰富性体现于教师在充分理解教学大纲和理解课程在整体教学环节中的作用后，对课程的"再创作"。对于课程教学目标，应存在多重解读：既应完成教学大纲所做的"规定动作"，也应该有教师与学生在课程进行过程中的"自选动作"和"偶发动作"；课程教学方法与教学手段的丰富性是指应在课程教学全过程体现足够的开放性和活力，教学方法既有传统的讲授课程，又有讨论课程、实验室与工作坊课程、调研与现场踏勘课程等。特别是讨论课程，在讨论与辩论中，要包容含糊性、开放性、混乱性和挑战性，以使得教师与学生之间就课题或研究项目的多层意义展开充分对话与辩论，进而产生丰富的创意与开放的思维；关于教学成果的丰富性是指要将此一课程视作本科教育全环节的一链，成果是动态的、非结论性的以及对相关同修课程保持

开放性。

值得注意的是，如同艺术作品评价的第一个指标是作品体现的内容与手法的丰富性、景观评价的第一个指标也是景观呈现的丰富性，而课程教学过程评价的第一个指标也是丰富性，这绝非巧合，说明了三者价值取向存在某种相似性或一致性。

其二，课程教学过程的关联性（relation）是课程过程丰富性的结构要素。没有关联性的丰富是缺乏组织的丰富"碎片"，只有组织好教学目标、教学方法与手段、教学成果各环节之间的关联性，才可以建构课程的体系关系。教学中学科的关联体现在多学科交叉与互补中，文化层面的关联指向课程过程体现的世界观与文化性。

其三，回归性（recursion）强调对课程问题的反思与学生自我意识的觉醒，教师与学生始终以问题为导向逐一展开课程过程，深究问题的成因，抑或对问题提出质疑是回归性的核心。具体到综合设计课程中是围绕几个问题开始探讨，例如：场地包含了何种自然生态条件与历史文化背景？考古遗址公园的定位与场所功能要求是什么？交通、构筑物、绿化、导视等系统有何种结构关系？生态、人文与视觉美学如何在设计中综合体现等等。以上问题的诠释与解题涉及理论与应用设计两方面，首先涉及理论研究：结合生态学、地理学、社会学、考古学、艺术学等学科综合知识，通过景观评价梳理场地要素之间的内在与外在联系，探讨该场所可持续的设计理念。其次涉及应用与设计：设计开始于建构场地地貌模型，结合景观评价结果提出保护性开发的设计构想，在设计中经历检验-调整过程，以此为基础进行方案改进，直至形成较成熟的可行性设计并实施。应用与设计的提升路径从五方面切入：感受

与观察能力（感知）、思维与分析能力（逻辑）、评价与审美能力（审美）、形态与表现能力（设计）、想象与创造能力（创新）。

其四，严密性（rigor）是强调课程教学过程的可控制性，严密性的重点是使教学过程在得以充分发挥各种能动性后回归课程本身，在教师的引导下有目的地探寻课题的多层次学科交叉下的不同解决方案。教学的严密性体现在把握课程过程的引起、承接、转折和终止的结构方式与时间。关于这一点，也是目前课程控制的难点，既需要师生的默契配合，也要求教师具有丰富的教学实践经验、高度的责任心与勇于创新的精神追求。

在教学过程控制的实践中，显性课程与隐性课程的交互作用也是重要一环。显性课程（Dominant curriculum）是指学生在学校学习过程中以直接的、明显的方式获得的课程；隐形课程（Hidden curriculum）是学生在学习过程中以间接、内隐等方式得到的课程。隐性课程的概念是美国教育家杰克逊（P. W. Jackson）于1968年在《班级生活》（Life in classroom）一书中提出的。隐性课程包含了教育情境中的各种因素，是以潜移默化的方式从正面或反面影响学生，使之获得积极或消极的经验。隐性课程可以说无处不在、无时不有，如课程的形式、学习氛围、学生之间的交流与活动、校园的文化环境、教师的仪表、举止、教学态度与风格等等。

关于显性课程与隐性课程的交互作用，笔者在综合设计课程中得到了一次有意义的启示（图1）：在组织学生对泥河湾遗址公园的第二次现场踏勘中，笔者请到了一位常年驻地的考古专家随行讲解考古知识点，这位老先生已79岁高龄，在高山大川间健步如飞地带领师生踏勘了几处前次被忽略的遗址

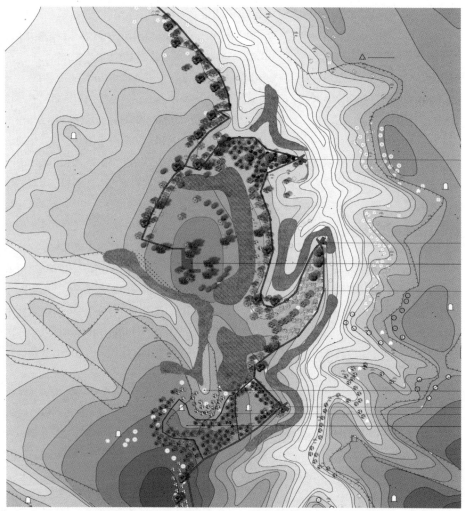

图1 场地平面图（综合设计课程作业，作者：惠洪硕）

师课程"的理念是指任课教师对教学课程体系的内容加以理解后通过课堂教学实施课程，与教学体系的统一要求相比较，教师课程具有自主性、创新性、差异性和情境性等特点。其核心宗旨是倡导教师自身成为课程的内在构成要素，鼓励教师将自己的人生经验与专业背景融入课程中，开发出鲜活生动的优质课程。教师课程是教学过程控制的关键要素。

关于教师在课程中的作用，笔者从事艺术设计教学与研究已经近30年，深切地感受到学习方式的变迁对设计教学的作用与反作用力。20世纪80年代改革开放初期百废待兴局面下，大学教师是知识的主要传授者，大学教师由于自身的先修优势与占有先进知识资源的使用权（如出国进修与图书馆外文资料的阅览权等），使其在大学讲台上的知识优势保持了近10年，以传授知识为主要目标的教与学是这一时期中国大学艺术与设计教育的主要特征。之前艺术设计教学中的惯常现象仍是老师在讲台上讲课，学生听课的模式，"老师先进行理论阐述，然后布置作业，学生根据同一个命题进行设计，讲述概念，老师点评，学生再修改，直至完成作业。教师是知识的权威者，学生在教师施教过程中是静听者、服从者，教师成为驾驶员（通常驾驶的是别人的车）；学生最多是旅客，更糟的是成为被驱动的物体。"

随着20世纪90年代世界范围内的计算机的应用与互联网时代的到来，学习方式发生了重大变化，学习者获取知识的方式出现了多途径、扁平化的趋势，大学教育的目标价值取向也由工业时代的工具理性价值观向生态时代的可持续价值观转移。在此背景下，设计教育改革首先在于修正旧的教育价值观与人才培养观，改变专业技能课程占据课程体系主要内容的局面，将体现时代特征的交叉课程植根

点位，专家生动地讲述了这些貌不惊人的遗址点位所具有的考古价值与世界级文化意义，使学生（包括笔者）对要探究与设计的场地有了新的认识，这种认识叠加在已有对场地的文献调研、感性认知与美学评价中，为课程后期设计灵感的爆发添加了催生的隐性"酵母"。另外，专家除了其渊博的知识令师生们折服外，由于常年野外考古形成的强健体魄和敬业精神也感动了师生，学生们在之后的课程中表现出更多的主动性与积极性，甚至有同学更以老专家为榜样，重新考量身体与

学习的关系，制定了新的体育锻炼计划（图2）。

显性课程与隐性课程的交互作用是每一个课程中都会发生的，作为课程过程控制的重要一环，教学管理者和教师应对其有所认识并加以强调。另外，对隐性课程的评价也应"显性化"，在评价学生成绩时，笔者就尝试将显性课程与隐性课程的成果综合考量。

三、教师即课程，学会做"平等中的首席"

"教师即课程"由美国学者施瓦布（J.J.Schwab）在20世纪70年代首次提出。"教

效果图 C　Perspective C

图2 场地平面图（综合设计课程作业，作者：伍晓媛）

于专业培养目标中，在教学环节亦发生了由注重结果到注重过程的转变。在这一渐变过程中，逐渐暴露出一些教师知识与能力储备不足、对变革缺乏应对的现象，部分教师仍纠结于教授知识抑或是传授方法、结果重要还是过程重要、通识或者专业这些理不清、理还乱的问题中，这些多少都与教师在新时代设计教学过程中作用与角色定位不清有关。

关于当代高等教育中教师的位置与作用，美国教育家小威廉姆·E.多尔准确地提出，"平等中的首席"（first among equals）这一概念。所谓"平等中的首席"是指教师应由教学大纲的执行者转变为课程的开发者和课程知识的构建者；由学生的控制者转变为学生的合作者、引导者；由教学实践的维护者转变为教学实践的反思者和批判者。教师应放下权威者或驾驶员的身份，在课程过程中，以平等的身份，引领学生开展基于问题的探究、反思与设计探究过程。

"平等中的首席"在课程过程中，重点体现在讨论课程中，师生就问题进行讨论、学生之间互相讨论、学生展示与表达自己、教师与学生平等讨论等环节都应被加以重视。"课程不是预先设定的封闭的、固定不变的系统，而是教师与学生间的基于学科知识、自身经验和开放性的问题在与课程情境交互作用的过程中开展的知识建构与人格完善的过程。"

纵观前文提及的综合设计课，第一次的师生讨论并不顺利，虽然讨论内容"场地的启发或暗示"在一周前的现场踏勘时就布置给学生，但讨论开始后，同学们仍显得拘谨、茫然或充满试探性，这种反应其实很正常，学生在揣度教师的虚实以及真实目的，教师

图3 场地平面图（综合设计课程作业，作者：郭策）

虽然做出平等者的姿态，但学生尚没有接纳或习惯教师作为平等者，教师在此时的言行很关键，一是启发式引导，二是平等、平静地述谈自我感受，这是"平等中的首席"在讨论课中的发言，仅此而已。此时不做评价，不下定论，耐心等待下次讨论课上开始的"发酵"过程（图3）。

之后的课程讨论活跃而激烈，而且不仅仅是讨论，是辩论加质疑。有些同学按照课题思路与逻辑关系思考并阐述观点，也有同学提出尖锐的质疑与反问：为什么要将考古场所变为遗址公园？为什么要在设计中优先考虑生态性而不是美学指标？为什么不可以在场地引进水源和阔叶植物？为什么主要道路系统要环装封闭？为什么要在三年级开设综合设计课程？人生的意义何在等等，讨论的内容边际已经无限拓展，学生质疑老师、质疑同学、质疑自己、质疑课题、质疑学习与社会等等。作为教师，此时的责任是在风起云涌时把持好讨论的方向，帮助同学抽丝剥茧般梳理出课题思路，在思想跑到最远时引导回到课题的路径。

"平等中的首席"其实对于教师有着更加高标准的要求。教师要有更多的知识储备和终身学习计划以应对学生的质疑；要有更丰富的教学经验，把控教学过程的风浪，既要引领一次次的冲浪，又不能过多翻船；教师也要有更宽广和开放的胸怀，包容课程过程中的含糊性、混乱性和挑战性；教师还要有向学生学习的平等心态，认识到在教学过程控制中，既有教师对学生的培养，也有学生对教师的反哺，以学养教是教学过程控制得以良性循环的基础。

四、结语

景观设计教学由于学科的多义性与综合性呈现复杂的结构形式，笔者在综合设计课中对教学环节控制方法以及教学实践中出现的显性与隐性课程交互等做了初步探究，认识到课程控制与教师作用存在相辅相成的结构关系：首先，要重视课程控制，将课程过程视为教学的关键，认真策划教学过程的起、承、转、合与方式、时间、内容的综合关联是课程教学的关键；其次，要重视教师的作用，教师是课程过程控制的重要因素，在教学过程中，教师应调整心态与角色，当好"平等中的首席"，与此同时，教师应始终清晰地认识到当代教育变革的时势，并树立全球性视角与终身学习的理念。

参考文献：

[1] 付强. 论文教学技术的人文向度. [D].济南: 山东师范大学, 2013.

[2] 耿秀丽. 论教师课程能力的提升. [D].郑州: 河南大学, 2009.

[3] 刘家访. 教师课程理解的层次和结构. [D].福州: 福建师范大学, 2012.

[4] 王慧霞. 教师课程观念的问题检讨与对策分析. [D].兰州: 西北师范大学, 2005.

[5] 廖圣河. 教师课程研究.[D].南京: 南京师范大学, 2013.

[6] 侯立平. 文化转型与中国当今设计学科本科教育课程设计的变革.[D].北京: 中央美术学院, 2013.

[7] 张广瑞. 试论教学过程系统组织结构和系统控制方法. 新乡: 平原大学学报, 2001, 3（18）.

从概念到形式——生态理念的景观审美表达　黄艳

"生态"这一原本属于科技范畴的概念，正向着各个领域扩展，并因而具有了更深层更广泛的内涵，"生态地"建设人类家园，已经成为最基本的伦理之一。而美学形式的塑造也是设计师的伦理责任，如何将"生态"这一抽象的概念以具体的美学形式进行表现，从而在环境景观中传达生态的理念并建立相对应的审美价值和评估体系，是摆在设计教育者和设计师面前的实际问题。具体来说，就是如何将抽象的"生态"理念物化，体现在具体的设计方案中，避免理论"高大上"，而方案却不能反映或者不匹配的情况。这也是景观专业设计课程教学中的主要挑战之一。

文章结合一个设计课题的教学成果，说明了头脑中抽象的"生态"概念上如何以景观形式表达出来的；并且针对设计课程的特点以及不同项目的共性与个性，试图提出理论化的教学基础框架，使得学生直接面对一系列技能，具备文化和信息的敏感度；同时也为教师在设计课程中的角色和作用进行了剖析，从而最大程度上帮助学生获取承担生态和美学双重伦理责任的能力。

文章分为四个部分。第一部分概括了设计美学教育的理论基础、语境和概念。第二部分阐述了抽象概念物化的三个主要途径。第三部分进一步说明物化后的概念如何通过美学形式表达出来。第四部分对当前设计课程中面临的挑战进行了概括分析。第五部分重申了应用和人文的形式基石，如何在设计实践中使伦理与美学相结合。

一、理论基础——动态教学法

当我们组织讲座、筛选阅读资料、设置教学方案、选择课题项目地点、与学生交流、帮助学生建立与客户、用户群体的关系、或者为学生打造职业基础时，会发现这些活动实际上已经超越了知识传输和技能发展的范畴。同时，景观设计本身要求跨学科的知识和技能，也要求教学系统的转变。

"动态教学"的概念正是在这样的语境下提出的，其主要目标是重建学习的途径，使学生在一个多元和动态的世界中获取必须的知识、技能和态度。与其相对比的是"服务式教学"，它认为教学体验是一种"至上而下"的过程，指导教师就像老板一样，不仅为学生提供设计构思的来源、传达个人经验，而且评判每一个人的创造成果。

我一直试图建立一个可持续发展且严密的途径，从而使得环境景观美学判断和设计课题的创造性成果更可控和普遍化。在这个过程中，利用了来自于当代艺术的美学实践经验和理论，去尝试清晰地阐明与伦理和应用都相关的美学标准，以期在景观中使得生态学、应用和伦理形式得以具体化。

我提出了"以形式为向导"的设计研究，提出把景观设计作为一个实用主义和适度材料工艺的过程，这是关于实践和经验性的研究，不能脱离对科学和文脉的理解，不能脱离形式上的抽象化，不能脱离"形式是轨迹"的概念。我提出的伦理（包括生态责任）应当与景观相结合或体现在景观中，并进而达

成综合的艺术效果。在这里，设计师将哲学、伦理与应用理论适度结合，来支持形式创造或信息交流中的美学判断。

为了达到这样的目的，动态教学法使得学习过程成为多维度和包含四级的圈：从某个特定的经验开始，观察并反映经验，然后形成抽象的概念，并归纳使之普遍化，最终，在新的情景下检验这些概念（图1）。这四个阶段不是单向的而是可逆的或循环的，每一次逆向的过程都是概念逐渐清晰、定位逐渐校准的过程。动态教学法不是告诉学生一个理论或原则，而是让学生描画出他们自己的准则，当这种原则被运用到专业活动中时，对于学生来说就具有更多的意义了（图2）。

二、抽象概念的物化与提炼

景观设计既是一种技能也是一个过程，用来在环境中塑造和保持形式，这是因为人类的知觉经验与形式及形式的效果直接相关。"形式"是景观过程中人类经验的载体，换句话说，在景观范畴内，这个过程具有我们能够觉察、感知、共生、操控和体验的形式。这并不是说所有的生态和物质都是人眼可以看见的，但是我们不仅能够理解那些不可视进程，而且能够理解物理尺度、时间尺度和生态科学对景观实践的作用，更能够将日常景观美学体验直接地反映在形式尺度中。

因而设计中的美学教育一开始就应当以学生为主体，鼓励他们通过反复实践、考察与环境、社会、物质进程和功能相关的景观

图1

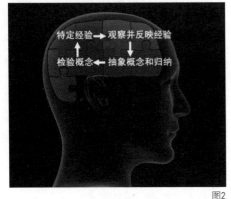

图2

图3

图1 学习过程的四个维度是从内向外发散的

图2 学生脑中概念的形成过程

图3 形式抽象的过程

形式，最终提炼出适合特定地点的形式。这种方式与表述性美学策略相对比，也与那些纯粹形式主义美学不同，不是把景观形式看作是即时的、物质的和功利主义的，而是具有生命的、处于不断变化中的。形式的抽象也被看作是设计教学中的基本组成部分，没有它，艺术的风貌就无从表达。在这个阶段，遵循着从经验到物化再到抽象的过程（图3）。

1. 从形式出发

"存在的一切事物都有形式"，但是教师却往往不情愿去讨论景观形式，因为担心这种讨论会导致学生忽略了过程。实际上景观设计即是过程也是形式。学习搭建结构和判断景观审美经验的过程，从某种程度是取决于精确的视觉形象研究，这是因为原有的经验放到不同的环境背景下时，其意义可能是不同的。这种研究是课程中重要的组成部分，它要求我们去发展、理解、认知和记录景观的形式，去表达景观形式的新媒介和新载体。用这种方式对景观进行实证研究和文献记录，能够使得对于形式的研究更加精准、理性和稳定。

在业界，生态和可持续性以及满足社会需求的准则早已成为评判景观项目方案的重要标准之一，但是，关于景观美学方面的认识和评价却不那么确定。显然，在一些人看来，美学判断似乎更倾向于时尚和主观，显得似乎不那么严谨，缺乏客观的评价标准。而且，在大学中美学艺术、伦理常常作为课程体系中独立的部分来讲授，和生态、社会方面的课程没有关联；同时，关于艺术、文化或美学意义的讨论在社会理论或景观技术的课程中也是缺乏的。这种与艺术、伦理、应用和自然相分离的现象使得审美日趋萎缩，最终成为景观教育中无关重要的部分。

我用"审美"这个词是为了说明景观中

的形式和过程，他们可以通过感官被体验，可能改变或影响知觉，并洞察现实。

提到与"生态"概念相关的形式，很容易让人联想到是自然景观的缩影：森林、湖畔、河流、草坪、小溪、林间小路，但显然，生态的内涵远远超越了这些，因而也就意味着形式的无限丰富。在景德镇御窑厂遗址公园景观设计课题的过程中，通过师生间的多次讨论，使得学生逐渐明晰了生态概念的含义，并且确定了在本项目中要表达的几个对生态的理解，如生态是人与环境亲密的关系、物质和能量的循环利用、表达时间轨迹、给未来的发展留有余地、场地自我调节自我更新的能力、景观形式的不断生长变化等。例如游客参与到遗物挖掘的活动，不仅真实地体验了发掘工作的过程，利用触觉去感知陶瓷的质感、温度，利用视觉去感知其色彩、机理，而且朋友之间相互配合，挖掘的成果可以带回家，在很长的时间里使得这种记忆和体验保持鲜活的状态，从而使得游客对于场地的审美体验更加持久而深刻（图4）。

2. 形式与结构

从理论上来说，设计师能够为景观设想任意的形式。然而，与景观形式同样重要的是作为场地和语境的结构，那些景观的基本元素——水、植物、地形地貌和天空。水、结构、路径、地形地貌和种植都有显著的、可靠的和内在的联系，设计师必须充分理解每种元素的潜力，将历史观念、地形、植物、雨水、坡道和空气都转化为一种全新的关系和系统去塑造空间形态。

因此我提倡利用形式元素去支持结构，不仅能够使得形式更易于被感知，也有利于人们更好地理解景观的复杂性及其微妙的秩序、过程和动态，这种方式促成了结构上的而不是表面的思考。而且，把景观看作是有形的物质也有利于设计师更近地与各种信息媒介交流，从而使得形式元素显得更为真实的而不是模糊不清——这就支持了景观中关于"感觉经验"的审美。

在景德镇御窑厂遗址公园景观设计中，设计师通过堆积、挖洞、抚平、开槽，把地形景观当做是时间维度内的雕塑。在雕塑化的形体中，植物和材料都在场地内循环使用，并且随着植物的生长和粒子的侵蚀，不断被消解、重建——于是形成了时间维度和空间维度的生态循环系统。原来的草皮移走后形成一系列草坪、并通过多层次的灌木、地被植物等得以重塑和强化。遗址开发和周边建筑改造中丢弃的石头被重新组合、利用——这种物质和视觉上的联系带来了景观元素的雕塑感。学生更好地理解了景观过程中各种元素是如何相互作用的，从而更清晰地理解如何将生命与物质媒介相结合，最终塑造出形态（图5）。

图4 景德镇御窑厂遗址公园景观设计以游客体验来表达生态的概念（设计制图：郭亦家）

三、形式的表达

学生们希望教学经验能够帮助他们了解理论是如何与现实相联系的，并且如何将理论运用到实践中并体现到物质形式中。这就是"动态教学法"设计课题的基础，在这里，抽象的概念运用到解决问题的过程中，并与职业训练相关联，得到发展和强化。

在这里，我们探讨的形式包括三个层面：时间、物质和视觉的维度。

1. 时间形式——轨迹美学

生态理念包括时间、过程的含义，而时间、过程的表现形式就是轨迹，那么设计师就需要学会把景观形式当做轨迹去表达生态的理念。更进一步地发展这种对生态的理解，就是认为景观形式从各种维度上都是动态的：植物生长、水流，以及碳在不同元素之间的

传输等。

景观的每个部分具有不同的时间量程——也就是说形式是按照不同的速度变化着的，把形式当做轨迹意味着认识并利用这些变化的速度。而且，如果形式中的时间和过程被抑制了、时间错误或被忽视了，那么这个景观就可能被认为是具有不好的美学效果。因此在设计课中，对于学生而言，美学的挑战并不是展现过程或时间，而是捕捉、隔离或操控和扩大形式，并使之介入到实际的时间体系当中，无论是宇宙哲学的、生态学的、水文学的、植物的或是人类生命周期。

景观是有轨迹的，但是任何一个时间点只能表达在该时间点是独特的场所和时刻的情况。景德镇遗址公园四周虽然以围墙分隔，其弹性的和移动的美感是通过对不同时间量程、功能和元素进行夸张或组合而得到的。遗留的砖石、草本及灌木、水和碎瓷片按照

不同的速度生长、腐蚀和消解着，留下不同的痕迹，这本身就是生态系统的特征（图6）。

2. 物质形式

物理的环境进程是连续不间断地改变着景观形式，对于景观材料是怎样在物理层面上表现的认识，是景观实践的关键。景观美学教育需要通过景观技术和材料来实现，与环境科学相得益彰。用可获得的物质来塑造景观，准确、科学和生态地去理解材料、植物、土壤和水是怎样在物理层面上相互作用相互关系的，是景观美学教学的核心。图7中陶瓷河的概念，既来自于对场地内雨水的收集、利用，从而达到物质自我循环利用的目的，同时塑造的"陶瓷河"的形式来自"源远流长"一词，这是因为其与陶瓷悠久的历史不谋而合作，从而在自然和文化两个层面上表达了生态的概念。

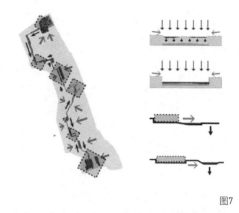

图5   图6   图7

3. 视觉形式——抽象的价值

形式就是景观的结构和程序，因而视觉形式抽象的练习对于学生来说是非常必要的，它有助于学生培养以下三个重要地能力：首先，抽象练习能加强视觉敏锐性和形式运用的准确性。在 10 遍或 20 遍草图之后，才能逐渐抽象出场地的形态，而不是省去草图抽象的过程，通过随意的电脑模拟场景，把现成的片段进行拼接。这么做虽然辛苦而且费时间，但对形式的内容有精确的认识，从而能够判断两种类型线条的不同，或者一种形状与另一种形状微妙的差异，以及两个圆环分毫的不同，在设计中这有助于学生去了解两种椴树树冠线细小的差异，而这些都是基本的能力。视觉敏锐性就是通过视觉抽象而获得的，当它与实证研究及物质实践相结合的时候，这种能力就更加扎实了。其次，抽象的功能也能引导设计师去表达"无形"的、普遍性的概念以及深层次的或永恒的东西。

理解景观结构和潜在的景观言语要素，比如色彩、线条、形态、平面、图案、肌理、色调、比例和尺度，和理解物质自然程序的重要性是一样的。设计课练习中应当致力于加强学生对于形式元素的敏感性，如明暗、开合、冷暖以及阴影的微妙变化等，努力挖掘学生方案中有潜力的细节，通过夸张、简化、

隔离、序列、暗示等手段，使得学生在实践中认识到这些方法的本质。

公园中陶瓷河源头处毛石表面精密地塑造，不仅其倾斜角度使得透视线消失于天空，也最大程度上反射了日光，从而彰显了环境美学的宗旨。大地和天空景观形成戏剧性的表达，各种元素抽象后的组合，以及它们的序列，形成了综合的景观体验（图 8）。

四、设计课程中的挑战

当今互联网和计算机科学带来了新时代、产生了新行业、开拓了新领域，其影响力无疑是巨大的。但显然，影响并不都是积极的。

1. 来自互联网的挑战

互联网就像一个玲琅满目的超市，应有尽有。电脑屏幕上有太多的资源供学生们参考、模仿，这直接导致了在设计课中，学生们很容易采取"加入购物车"的行动——有水文要素、扩散感、冰裂纹、坐标网格、弧线、圆环、水渠、开放空间、草坪、植物……从某种程度上讲，它们都是美味可口的，但是如果简单地混合在一起，却有损审美健康。

数据的简单拼接导致了把景观当成是一个可互换的、随意的调色板的感觉。当然，在这个多元的世界中，当我们无法去坚持某

图5 景德镇御窑厂遗址公园植物和材料都在场地内循环使用，形成了时间维度和空间维度的生态循环系统（设计制图：郭亦家）

图6 御窑厂遗址公园中遗留的砖石、草本及灌木、水和碎瓷片按照不同的速度生长、腐蚀和消解所留下的不同痕迹，也是生态系统的特征之一（设计制图：郭亦家）

图7 遗址公园中的"陶瓷河"对场地内雨水收集、利用，从而达到物质自我循环利用的目的，同时也表达了"源远流长"的概念（设计制图：郭亦家）

种美学价值时，我们就会试图去迎合各种品味，而这就导致了"热闹"的设计。然而，试图利用拼贴的方式去表现多元化的主题，显然过于肤浅。以随意的或东拼西凑的态度去对待形式或寻求意义，是景观设计课的一大问题所在。

2. 来自数字媒体的挑战

数字媒体对景观审美的冲击也是巨大的。数字领域创造出来的图像和空间模型虽然具有诱感力但却与物质景观形式相剥离，几乎不能适应实际的景观和自然特征。数字透视表现在视觉和形式上很吸引人，实际上缺乏对物质和形式真正的理解和切实的景观体验，使得景观物理特征变得凌乱了。同样的还有 photoshop 的拼图，都有一种不真实感。

当数字渲染和图解技术成为学生的主要

图8

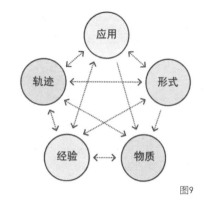

图9

图10

目的和手段时，问题就出现了。为了创造更为刺激炫目的视觉效果，他们会花10倍20倍于景观实体元素的时间在计算机上，对各种形状或功能汇集压缩，利用模拟的广角镜头，制造出夸张、炫目的透视效果。这种真实景观体验的缺乏直接导致了对现实和人的独特理解、景观的物质功能以及审美体验等多方面的缺失。

虽然计算机技术与早期手绘技术相比，更易于掌握、更便于修改、速度更快，在帮助设计师探索景观新美学方面具有不容置疑的能力，但也必须警惕理想化的数字美学，因为实际上，它使得学生与物质自然——景观媒介相分离了。

五、生态理念下新审美模型的建立——物质行为与态度的培养

"设计师工作的目的不是要表达他或她自己，而是要与景观和技术进行物质对话，并清晰地回应它们的要求，并且能够在特定时间和地点具有造型的能力。"

伦理、自然、艺术和应用的核心是美学和物质的，而不是理论的，因此我强调审美一词最初的含义是从希腊语"感觉"而来的。它意味着感觉和感知，其内涵超越了视觉、触觉、嗅觉和听觉，是一个完全综合的、全

方位的体验。因此，就可能通过控制物质形式去影响这个感觉体验。在这种语境下，对"设计"的定义是基于个人经验的、以应用为审美目的、表现景观变化轨迹、直接或间接改变景观物质形式的行为。而作为名词，设计是这个行为的物质结果——景观的形式。在这样的审美框架下，应用、轨迹、形式、经验和物质相互关联相互作用，互为因果关系（图9）。

生态理念对于景观审美的贡献主要在以下几个方面。

1. 工艺与应用的审美

景观的美学价值显然是生态理念语境中不可缺少的部分。这种以形式为导向的实践和经验性的研究；对于形态的复原和重建、景观轨道、手工艺；从形式到抽象，包括对艺术与生态的利用，等等，都成为设计师思想源泉的基础和审美评价的依据。

从审美角度来看，功能是体验"美"的一个关键元素。景观是一种诞生于实用的美学，脱离了实用性，技艺的美也就荡然无存。因此，不考虑实用或忽视实用性的设计不是美的。

景德镇遗址公园正是力图表达这种美学理念，公园基地上开发的痕迹和构筑物被保留下来，是为了展示它们过去的秩序和用途。

图8 "陶瓷河"源头的透视线消失于天空，令人遐想无限。（郭亦家设计制图）

图9 生态理念下的新审美模型。

图10 御窑厂遗址公园中把场地中开发的痕迹和构筑物保留下来，不仅展示了它们过去的秩序和用途，而且利用它们作为塑造地形的主要依据和手段。（郭亦家设计制图）

利用它们作为塑造地形的主要依据和手段，承载并控制了植物的蔓延，而同时也被这些植物和水净化，使得自然和文化总是处于一种含糊的形式关系之中，由此自然而然产生了美感（图10）。

2. 过程的审美

对自然进程的尊重，场所作为一个生命系统在其成长过程中除了自身生长外，也伴随着外界的干扰，会"受伤"或产生"疤痕"，而这种新的模式便是将这些不期而至的问题进行最优化的处理和整合。

唯有真切地体会场地内外发生的各种速度不同的生态过程，学生才能够将景观效果图分解为有应用价值的景观形式，将概念落实到每一处景观细节，而不是仅仅停留在表现上。

3. 审美实践和评价

因此我强调"应用"应居于审美实践和

判断的核心位置，被审美实践和评价所环绕，而不是居于其上或其下。"一个有效地审美是基于应用的，在社会、文化和生态功能下，对于物质景观媒介及其形式都有清晰的认识。设计师不是将这些概念看成是相互分离和竞争的关系，而是将它们结合起来。"景观不是装饰美丽的窗户，因为生态的应用要求打破自然的和文化的之间的界限，具有审美价值的景观应当能够消除隔离人与自然的隔离，提升人与自然之间的关系和谐，使得他们之间没有中介（窗户）。

生态，作为美学判断的一个标准，也带来了一系列附属的标准。在不同的语境和不同的项目中，由于形式总是适合特定语境的，因而这些标准也是不同的。生态的审美总是将关注方法的经济性和科学性作为标准，要求对物质资源谨慎而巧妙的利用。设计师秉持谦卑的态度去利用艺术与生态，由此带来

的适度物质和满足能尽量避免过度机械化和过度建造的方案；同时，也提倡一种"低干涉"的途径，虽然干涉有时候是必要的。包括对艺术与生态的利用——并且将谦卑作为设计师思想源泉的基础。与自然的真正结合意味着某种美学上的机缘巧合，以及对模糊性的接受。

这个模型并非是一成不变的。实际上，教师帮助学生建立的是一种思考和分析问题的方式，并最终形成稳定的行为和态度，在此基础上发展出侧重点不同的审美，如朴素美学、机器美学、生态美学等等。

（注：所有图片均由研究生郭亦家绘制）

参考文献：

[1] Bateson. Gregory. Steps to and Ecology of Mind. New York: Ballantyne. 1972.

[2] Duncan, James, and Nancy Duncan. (Re)reading the landscape. Environment and Planning D: Society and Space 1998, 6: 117-126.

[3] Howett, Catherine. Systems, signs, sensibilities: Sources for a new landscape aesthetic. Landscape Journal 1987, 6 (1): 1-12.

[4] Dee,Catherine, Form, Utility, and the Aesthetics of Thrift in Design Education, Landscape Journal 2010, 29:1-10

[5] Olin, Laurie. Form, meaning, and expression in landscape architecture. Landscape Journal 1988, 1 (2): 149-168.

[6] 黄艳. 艺术院校景观设计专业的特色定位——弹性的跨界探索. 景观设计学，2012：146-149.

建成环境中"自然"的观念与形态解析 管沄嘉

本文将要探讨的不是"自然"本身的形态，而是基于人们看待自然的不同态度和方式，在人工构筑的环境中所呈现出的"自然"的形态。在这里，我们将看待自然的方式大致分为三种：第一种，是将自然看作是为人类生存、生产和生活提供各种资源的物质基础和环境背景，是为了生存而需要依附或者抗争的对象，是一种现实而客观的存在。与之相应的，人们给与自然的也主要是基于现实需求的功能性和技术性的回应。第二种，是在人类史前神话、原始巫术和长年累积的建造经验的基础上，以抽象的观念和先验的文化空间图示去指导实际的建造活动。人们通过超越自然表象的观念图示去建立人与宇宙空间的关联，并藉此呈现生命"存在"的意义。从某种意义而言，这一方式有着忽略微观场地和现实环境的趋向。第三种，是基于"在场"和"体验"的原则，通过时间、地点、事件、场景和人的身体参与之间的关联，来呈现场所的意义并激发人们对"自然"的感知。这一方式趋向于将自然、人工环境以及人在其中的活动作为一个互动的整体而进行艺术化的呈现。由于篇幅所限，本文对以上三种方式分别加以简单地讨论，以期能够为这一主题勾画出一个粗略的轮廓。

一、客观与物质的"自然"

自然环境作为人类生存的背景和舞台，既为人类社会提供了生存的各种潜力与物质条件，又约束着人类的行为方式与活动能力。

在人类社会发展的早期，从寻穴而居和传说中"有巢氏"的筑巢而居，到原始聚落以至最初城市的形成，人类聚居群落的分布与规模明显地受到自然条件的影响。那些自然生态条件良好的大河流域等土地肥沃、水源丰沛、食物充足的地区往往成为养育文明的摇篮。

在这一时期，人类的聚居环境与自然之间是一种直接的天然的联系。人类聚居环境的形态往往是对于自然环境直接适应的结果，不同族群所处的不同的自然环境禀赋决定着不同的生产关系和人类聚居的形态与模式。这些传统的人工构筑方式很好地适应了当地的气候和环境，因而很多沿用至今，并形成了具有鲜明地域性特征的聚居环境。比如，中国西北地区的被动节能型的地坑式住宅和庭院，西南地区的山地建筑以及南方湿热地区为防潮湿和水患而架起的杆栏式住宅。在中东地区沙漠周边的小城镇中林立的"捕风塔"，则是为了改善住宅内空气的温度与气流而建造的颇具景观特色的技术装置。

在持续建造实践的基础上，东西方都出现了各自关于城市和环境建设方面的理论阐述。在中国，春秋时期齐国的管仲在其《管子·八观篇》中就提出城市的规模与分布密度与当地郊野土地的现实情况应当相适应。土地肥沃，耕地产量高，可供养的城市人口就多，城市规模也就应该越大。反之，则相应减少。在《管子·乘马篇》中，还指出，"凡立国都，非于大山之下必于广川之上，高

毋近旱，而水用足，下毋近水，而沟防省。因天材，就地利，故城郭不必中规矩，道路不必中准绳。"说明了城市的建设应该充分结合周边的山川、地势等自然条件，趋利避害，因地制宜。在古罗马，建筑师维特鲁威（Vitruve）在其著名的《建筑十书》中更是系统的阐述了如何依据地理位置、气候、方位和周边的自然环境因素来合理地考虑人类聚居地的选址、形态、布局问题。例如，他在古希腊人对自然风向研究的基础上，阐明了城市内部街巷的布置应以对不同季节的自然风进行遮蔽和利用为原则。此外，该书内容还包括单体建筑与地形、朝向、阳光等因素的密切关系以及如何将土、砂、石、灰等天然材料加工处理成可资利用的建造材料的基本方法。

就这一意义而言，人们把自然看成是提供空气、阳光以及各种物质资源的基础和背景，是为了生存而需要依附或者抗争的对象，是一种真实而客观的存在。而与此同时，人们给与自然的也主要是基于现实需求的功能性和技术性的回应。对于自然的这一认知，是近现代自然科学和应用技术得以持续发展的前提。当然在这一过程中，审美等意识形态因素也时刻对人类的建造活动产生着潜在而深刻的影响。但是总体而言，由于技术体系直接关乎人类的生存本身，因而其作用是更为首要和基础性的。当代对自然环境所持的生态学立场，尽管广泛涉及伦理、审美等深层的价值观范畴，但也是以此认识为基础

东南 巽	南 离	西南 坤
东 震	中	兑 西
艮 东北	坎 北	乾 西北

图1

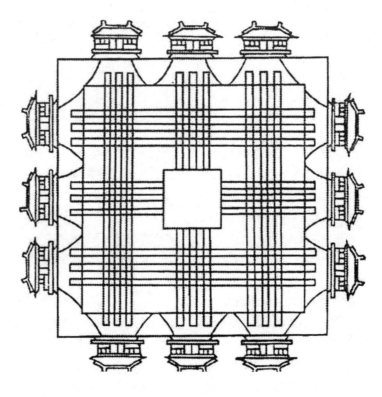

图2

图1 "井田制"的土地划分方式与爻卦相位对照关系示意图

图2 周"营国制度"的空间图示

而引发的，是把自然作为环境系统运行的功能性载体和物质性存在而试图加以维护、调节和改变，以期维持人工构筑和自然演进过程之间的微妙平衡。

二、观念与图示的"自然"

人类聚居的环境是在自然环境的基础上，按人的意志加工建造而形成的。严格的讲，它既不是单纯的自然环境，也不是单纯的人工环境。自然中的一切，一旦同人发生联系，便具有了文化的涵义。人们的环境实践，一方面使人非自然化，一方面使自然人化。各个文明普遍存在的原始巫术以及对太阳和生殖的崇拜说明，在对自然环境进行自发的生存适应的过程中，除了在物质方面依赖于技术和日益提高的生产力之外，还从精神上依赖于对神秘的超自然力量的信奉和膜拜。在二者的共同作用下，逐渐形成了对自然的认知、观念以及相应的宇宙空间图示。随着人类生产与活动能力的增长，解决生存与调节生存状况的技术体系不断完善，人的生存从被动的依附于自然向更依赖于自身所建构的社会体系不断转变。人与自然的联系也变得相对间接和疏远。在这种情况下，当其不断建构自己的生存环境之时，经由长期积淀而接续下来的自然观念和空间图示在人们进行建造决策的过程中逐渐承担起更为重要的作用。

自然观念除了会以集体无意识的方式潜移默化地对环境建造活动产生影响之外，不同文明还逐渐形成了各自较为完整的思想和理论体系，从而对现实的建造活动进行直接的指导。尤其是在古代中国，出现了周的"营国制度"模式和"风水"理论等非常成熟的建造体系，两者对中国古代城市、村落及住居环境的建造均产生了重要的影响。

中国古代城市的空间组织模式脱胎于农耕文明早期的土地划分方式，并结合史前神话和原始巫术等内容，逐渐演变为充满了象征意义的文化空间图式。在古代中国，从"井田"制划分土地的空间图示中我们可以看出，依"井"字划分的每一块土地区域均与周易中的爻卦相位有着相互对应的关系。这意味着古代中国人在进行土地划分的过程中，通过对空间方位的观念化处理，将客观物质的自然加以概括和抽象，重新定义了人及其居住环境与天、地自然之间取得关联的方式（图1）。周"营国制度"中的道路布局就是由"井田"制度演变发展而来，除了空间规划布局的相似性之外，"营国制度"同样将中国人对宇宙时空的观念也沿承了过来（图2）。

以唐长安城为例，尽管城市的外形轮廓极为规整，看不出任何自然形态的痕迹，但却反映了古代中国人与自然合一的观念。这

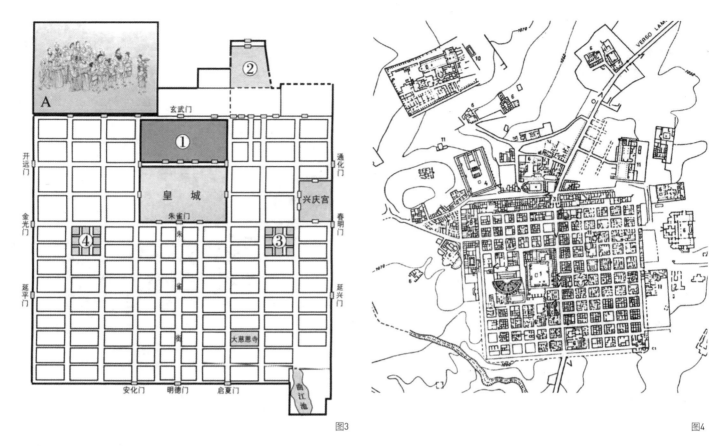

图3

图3 唐长安城平面示意图
图4 古罗马提姆加德城平面图

听起来有些自相矛盾的解释，却有其内在的逻辑。众所周知，中国古代思想中儒道两家均崇尚"天人合一"的观念。老子所谓"道生一，一生二，二生三，三生万物"以及"人法地，地法天，天法道，道法自然"等都是关于中国古代自然观、宗教观的核心表述。这一观念意味着在中国古代人的意识中，"神"只是处在很次要的位置，是应依附于"自然"之"道"的。"天人合一"对于帝王而言则意味着，只要按照某种方式顺应了"自然"之"道"，则人就具有了"自然"之力，就可以依"自然"之"道"去造物。而这种方式具体而言就是"礼"与"德"。这里的"自然"也就不是物质与现象的"自然"，而转化为中国人观念中的"自然"了。

此外，空间方位作为人类自然观中时空观念的重要组成内容，在古代中国的城市和住居建造活动中被置于极为重要的地位。甚至可以说，对空间方位的确定是一切营造工作开始的基础。中国早在《周礼·考工记》中就已经出现了如何利用日出日落时太阳的投影进行空间方向定位的详细记载。此后，中国人在方位测定方面的技术在不断地发展完善，并最终发明了指南针等精确的定向工具。对技术创新持轻视态度的古代中国人在空间定向技术方面的执著颇为耐人寻味，这显然已经超出了单纯的技术范畴，而包含了更多的观念的内涵。中国古代都城中所表现出的"方位"意识实际上与中国传统的"天下"观念是紧密相连的。皇城作为"王"的居所，既要居于"天下"之"中"，也要居于"天下"方向之"正"，似乎只有这样才可以环视

"天下"而无忧。从唐长安城的平面图中我们可以看出，其与南北方位有着较为准确的对位关系（图3）。而在古代希腊和罗马的殖民城市中，尽管我们可以看到相似的方格网式的土地分区，但是却看不到城市网格与南北方向的对应关系（图4）。可以说，古代西方人始终将自然看作是需要不断加以抗争的客观对象。他们所关注的是不断变化中的帝国版图，而不是居于"天下"之"中"之"正"的充满了意义的空间定位。

中国传统的"风水"理论尽管带有较重的玄学色彩，但也是基于世代大量的营造实践而发展出来的一套选择和处理场地和环境

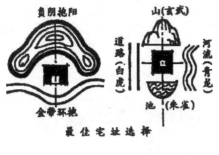

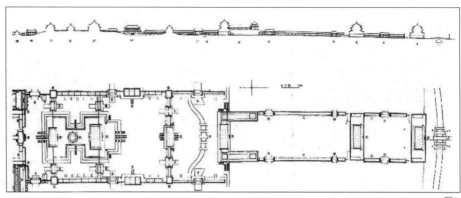

图5

图6

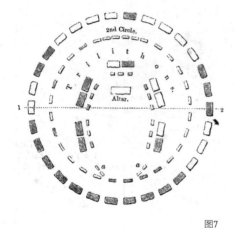

图7

图5 中国传统村落选址的理想"风水"图示

图6 紫禁城中轴线主要建筑平面布局及剖立面对照图

图7 "巨石阵"平面示意图

的观念和方法。因为需要与自然环境因素保持着极为密切的联系，所以选址和建造的过程都对场地周边环境及其空间方位有着非常明确的要求，需要人们充分考虑场地与阳光、山系及水体等自然因素之间的关系。所谓"负阴抱阳，背山面水"，即是在大的自然环境系统的框架下总结出的最理想的场地选择和经营的原则（图5）。这一场地与自然环境之间理想的关系逐渐被人们以抽象图示的方式固化了下来，演变成为古代中国人进行环境建造时基本的空间关系模式。明清北京紫禁城的空间布局可以说是对这一理想的场地关系图式加以运用的经典案例（图6）。首先，紫禁城居于明清北京城中轴线的核心，与城市精确的南北方向保持着严谨的一致性。其次，

整个宫城外形及内部布局呈规整的几何矩形，中心轴线两侧的空间院落也几近对称，几乎显示不出什么自然的痕迹。但当我们仔细研读，就可以从其平面图中发现，天安门南侧、午门与太和门之间的院落等多处均设置了弧形的水道，水道的圆弧走向也与中国理想的风水图示保持着高度的一致。此外，紫禁城北侧人工堆土而建的"煤山"（现为"景山公园"）则更完善了紫禁城"负阴抱阳，背山面水"的理想空间布局。显然，这是古代中国人依"自然"之"道"，也就是他们自身心目中理想的"自然"，而建造的极为完整的建筑环境群落。古代中国人通过某种观念维系着自身的生存环境与宏大的宇宙空间之间的紧密联系，从而建立起个体、社会与自然之间独特的秩序和范式。这种处理人与自然之间的关系的方式，更偏重于"宏大叙事"的主题和"形而上"观念的呈现。相比之下，微观场地和真实的环境状况往往反被置于相对从属的地位。

三、体验与现象的"自然"

20世纪中期，"知觉现象学"的出现似乎为我们开启了另一种直接触摸"自然"的可能方式。"现象学"的方法是近当代建筑和环境设计与当代哲学接续而形成的重新发现建筑中场所意义的认识论和设计的方法论。尽管属于当代设计的范畴，但是其以人的"在场"和"体验"为前提的环境认知原则，却并不是前无古人的发明创造，而只是重新开启了人们被遮蔽已久的对环境进行体验和感知的最原初和本能的方式。尽管这一方式与前文提到的以先验的形而上的观念去处理人与自然之间关系的方式都可以显示出对"存在"的精神意义的关注，但两者之间还是有着明显的不同。"知觉现象学"的代表梅洛·庞蒂认为，认识世界需要回归存在本身，并通过人的身体与环境的互动来察觉世界的存在。因而当代"建筑现象学"强调"在场"与"体验"的方式往往通过时间、地点和事件、场景之间的关联，来呈现场所的意义并激发人们对"自然"的感知。

历史上呈现人、场地与自然之间相契合的人工遗迹往往都与人类先民对太阳的崇拜

图8　古埃及拉姆西斯二世太阳神庙内景

图9　罗马万神庙内景

有着紧密的联系。英格兰史前巨石阵的建造目的虽然还存在诸多猜测，但巨石的排列方式与当地夏至日太阳升起时的方向之间精确的对应关系却是不争的事实（图7）。而位于埃及南部城镇阿布辛贝的拉姆西斯二世太阳神庙，则是另一个与太阳保持密切方位关联的经典的空间案例。作为太阳神的化身，拉姆西斯二世在建造自己的神庙时进行了精妙的构思。当每年自己的出生日以及加冕日时，阳光会穿过神庙窄小的洞口和60米深狭长的通道，一直照射到神庙最深处太阳神雕像的身上（图8）。不难想象，在这一使"自然"之"象"神奇显现的过程中，伴随着这一美妙时刻的欢呼和惊叹的，是古埃及人对生命的存在与"自然"关联的深切感受。在古代西方的建造历史中还有诸多这样富于启发性的案例，罗马的万神庙（Pantheon）无疑是其中的一个经典。古罗马人通过在巨大穹顶上的一个圆形孔洞把极为封闭的内部空间变成了一个半室外空间，从而将内部空间与外部世界紧密地联系了起来。在晴朗的季节里，阳光每天移动的轨迹会通过屋顶的圆形开孔投射到建筑内部的穹顶和墙壁上；在雨季时，雨水也会从屋顶的圆形开孔处飘落进来，使人们尽管身处内部的"人"的世界，却可以强烈地感受到外在的、超验的"自然"的神性（图9）。

古代中国文人在以人的身体体验为基础进行环境创造方面同样显示出了超凡的智慧，江南古典私家园林就是其中的代表。在古代中国文人的视野中，对自住宅院进行营建的活动是表达人文情怀和品格素养的重要途径，因而它与诗、书、画、乐等其他相关艺术表现形式具有同样的审美趣味。他们所精心营建的私家园林大都不因循着对称规整的型制格局，而更强调"虽由人作，宛自天开"的自然之法，强调

人游赏其中所经历的不断变换的视线安排和环境体验，并有意识地利用人工构筑与场地自然因素之间偶然的"机缘际遇"，形成二者相互因借、融合共生的场地特征（图10~图13）。这一点迥异于前文所述的依据高度抽象的宇宙空间图示而建造的帝王都城的模式。在这里，没有宏大叙事的宇宙空间主题，有的是沉溺纵情于"山水"之间的诗画意境。"自然"不是藏匿于抽象几何图式背后的被指代物，而是"在场的"、真实生动的场景自身。如果从假想的鸟瞰视点俯视整个园林或者用现代设计制图的方法绘制出这些园林的平面图并对其加以审视，我们会发现，这些园林组成的环境构件之间不仅普遍缺乏严谨的几何学关系，有些甚至从某种程度而言还显得颇为凌乱无序，这与人们身在其中所获得的深度的审美体验大异其趣。这恐怕意味着这些园林的建造者们因循着与我们所熟悉的以几何学为基础的尺规制图完全不同的工作方法。或者反过来也可以这样来理解，即如果以文艺复兴式的尺规制图方式进行设计，我们根本无法得到中国古典园林的佳构。当时的一些文献记载表明，这些园林的主人和建造园林的工匠们的工作主要是在基地的现场展开的。在有了基本的立意构思之后，他们不是向欧洲的建筑师那样先将其绘制成完善的图纸后再严格地按照图纸去施工，而是在现场真实的体验和感觉中对具体的场景组织、路径安排和尺度控制进行不断地推敲后才加以确定，其间不乏由场地因素所偶然引发的各种奇思妙想。造新园如此，改旧园就更是如此。这一直接依赖现场体验和感觉的工作方式最终导致这些园林在建造完成之后的非几何学但层次丰富的形态特征。

斯蒂文·霍尔无疑是有意识地对"知觉现象学"加以当代设计应用的核心人物。他以职业的敏感对场地中的微地形以及周边环

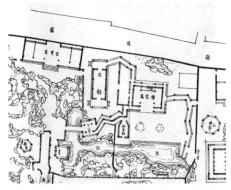

图10

图11

图10　上海豫园平面图局部
图11~图13 上海豫园内景

图12

图13

境对建筑的潜在影响加以洞察，并将这些因素以带有偶然性特征的形态呈现出来。因为场地的特质千差万别，所以霍尔创造出的空间也形态各异。其所显现的不是自上而下强加给场地的外在秩序，而是经由体验和知觉引发的自下而上的内在逻辑。据说在罗马期间，罗马的万神庙曾经给霍尔很大启发，并对他后来的创作产生了深远的影响。在他的众多作品中，都不难发现其对于充满意义且富于变幻的自然光线的精妙运用。在美国西雅图大学圣伊格纳提教堂中，我们可以看到，自然光主要是通过间接的方式反射到室内空间里，间接的反射光线柔和而神秘，弥漫在整个内部空间之中。在反射室外自然光线的过程中，霍尔使用了不同颜色的玻璃对光线进行过滤，使得进入空间中的光线呈现出多样的色彩。其内部的不同仪式区域对应着不

同色彩和进入方式的自然光线，给人们以丰富的环境体验。当人们身处其中时，不由得联想起中世纪教堂中彩色玻璃花窗所带给室。内空间的斑斓和迷幻（图14）。

日本著名建筑师安藤忠雄尽管不是以"现象学"作为其设计思考的出发点，但是他精心构筑的一系列教堂空间，无疑是通过有意识的场景和空间安排，建立起行为、场地和可感知"自然"之间关联的极具启发性的尝试。其中，神户六甲山教堂是通过一条长达40米长的刻意设置的廊道，将视觉的纵深、人的行进、地形的起伏以及对"风"的触感合而为一。在人们进入主要的教堂空间之前，以既单纯又令人印象深刻的过程体验，捕捉人与自然之间的微妙情感。而位于北海道群山之中的"水之教堂"，则是因户外大面积的自然水景被幻像般的呈现于室内空间而著称。随着季节的不断变幻，作为该教堂主空间背景的自然景致产生出令人迷醉的舞台般的视觉效果。在这一场景中，时间、地点、"自然"和人的情感之间形成了强烈的共振，同时激发人们达到对"自然"感知能力的极限（图15）。此外，著名的"光之教堂"同样令人叹服。整个教堂从室外到室内通过不断变换的光线对比，形成了或明或暗、抑扬顿挫的空间序列。而最令人惊叹的是，透过圣坛背后墙体十字形裂隙而投射进室内的一组光线，在昏暗的教堂主空间中形成了极为戏剧性的场景效果。在这里，光亮与黑暗形成的强烈反差所显现出的"自然之象"，不断刺激着人们的感官和知觉，进而激发出人们对"自然"之力由衷的敬畏和潜藏于心的宗教情感（图16）。

结语

本文通过对已建成的人工环境中所呈现出的人们对待"自然"的不同观念类型的辨析，

图14

图15

图16

图14　美国西雅图大学圣伊格纳提教堂内景

图15　"水之教堂"内景

图16　"光之教堂"内景

试图初步梳理出人与"自然"因素之间所持关系的差异及其原因和脉络以及在这些观念的影响下，物质环境所能给与的应对。文中所涉及的内容显然远远超出了文章的篇幅和作者的能力所及，因此只能算做是浮光掠影式的考察，抛砖引玉而已。而做此尝试其目的也不是要进一步强调各种方式之间的差异，并将它们截然的分开。而是希望通过适当的解析，在几种不同方式相互对照的情况下，能够从某种程度上加深对这一问题的认识和理解，并最终达成功用、观念和体验三者完美的合一。

参考文献

[1] 莱斯利·A.怀特. 文化科学——人和文明的研究[M]. 杭州：浙江人民出版社，1988.

[2] 维特鲁威，建筑十书[M]. 北京：知识产权出版社，2001.

[3] 刘易斯·芒福德，城市发展史—起源、演变和前景[M]. 北京：中国建筑工业出版社，1989.

[4] C·贝纳沃罗，世界城市史[M]. 北京：科学出版社，2000.

[5]凯文·林奇，城市形态[M]. 北京：华夏出版社，2001.

[6] 黎翔凤，梁连华，校注. 管子校注[M].北京：中华书局，2004.

[7] 计成. 陈植，注释. 园冶注释[M]. 北京：中国建筑工业出版社，2009.

[8] 童雋. 江南园林志[M]. 北京：中国建筑工业出版社，1984.

[9] 彭一刚.中国古典园林分析[M]. 北京：中国建筑工业出版社，1986.

[10] 刘致平.中国居住建筑简史（城市、住宅、园林）[M].北京：中国建筑工业出版社，1990.

[11] 贺业钜.中国古代城市规划史[M]. 北京：中国建筑工业出版社，1995.

[12] 傅熹年.中国古代城市规划、建筑群布局及建筑设计方法研究[M].北京：中国建筑工业出版社，2001.

[13] 王其亨.风水理论研究[M]. 天津：天津大学出版社，1992.

[14] 藤井明. 聚落探访[M]. 北京：中国建筑工业出版社，2003.

[15] 王贵祥. 东西方的建筑空间—文化空间图式及历史建筑空间论[M]. 北京：中国建筑工业出版社，1998.

[16] 李允鉌. 华夏意匠—中国古典建筑设计原理分析[M]. 香港：广角镜出版社，1985.

[17] 岁哲文，王振复. 中国建筑文化大观[M]. 北京：北京大学出版社，2001.

[18] 南舜薰，南芳. 建筑的山水之道[M]. 上海：上海古籍出版社，2007.

[19] 梅洛·庞蒂. 知觉现象学[M]. 北京：商务印书馆，2001.

[20] 诺伯格·舒尔兹. 场所精神—迈向建筑现象学[M]. 北京：商业出版社，1986.

[21] 沈克宁. 建筑现象学[M]. 北京：中国建筑工业出版社，2008.

[22] 大师系列丛书编辑部. 斯蒂文·霍尔的作品与思想[M]. 北京：中国电力出版社，2005.

[23] 安藤忠雄. 安藤忠雄论建筑[M]. 北京：中国建筑工业出版社，2003.

[24] Steven Holl，New World Architect 05. Steven Holl，1991.

[25] Tadao Ando，New World Architect 02. Tadao Ando，1991.

可持续设计语境下"天人合一"思想的批判性解析 周浩明

"在现代社会，由于生态环境的恶化，自然资源的危机，加之人类社会的矛盾层出不穷，以人类中心主义为代表的西方意识形态正遭到人们的普遍质疑。而中国古代的'天人合一'思想也随之被重视起来，并被众多学者认为是解救社会与自然的一剂良药。"谈起中国传统设计中人与自然的关系时，大家也往往喜欢用"天人合一"四个字来概括，把这四个字作为中国传统设计处理人与自然关系的最高原则，是设计中处理人与自然关系的最理想境界，是中国传统文化的精粹，也是当今实现可持续发展人居环境的最佳设计策略。但笔者对此却并不完全赞同，因为中国传统设计观念中关于人与自然关系的"天人合一"思想，实际上首先肯定的还是人对自然的控制力量。从具体做法来看，中国传统的艺术设计，只是在"人定胜天"思想主导下，在设计的局部范围内尽可能地接近与模拟自然，而很少考虑与自然环境在更高的生态境界下的协调，这是当时特殊社会历史条件下的特殊产物，带有很大的局限性。如果将这样的"天人合一"思想从根本上与当今倡导的"可持续发展"思想进行比较，那么不难发现两种思想是并不完全相符的，因为可持续发展思想的基础就是将人与自然置于完全平等的地位。因此，在全球倡导可持续发展的今天，这样的"天人合一"思想绝不能滥用！

对于"天人合一"的理解，不同的人有不同的解释。老子宣扬："人法地，地法天，天法道，道法自然"。孔子宣扬："男女有别，长幼有序，君君臣臣父父子子"以及"存天理，去人欲"。禅宗说："吾心就是宇宙，宇宙就是吾心"。但是，如果认真归纳一下媒体及设计师日常言语中对"天人合一"思想的各种描述，那么我们很容易看出，目前人们对"天人合一"中的"天"的理解一般有"上天""宇宙""自然"等，在设计界则多数理解为"大自然"或者"自然环境"。所谓的"天人合一"用杨振宁老先生的话说就是："认为人道与天道是一回事"，在设计界则多数理解为"设计与自然的结合""设计与自然环境的高度和谐"。应该说，"天人合一"是典型的中国传统设计思想。

我们再来考察一下古人的"天人合一"在设计中的具体表现。在中国古代，传统园林是最能代表"天人合一"思想的设计类型。我们常用"源于自然而高于自然"，"虽为人作，宛自天开"，"缩千山万壑于咫尺庭院之间"来褒奖中国的传统园林，但仔细剖析一下这几句描述中国传统园林的经典话语，我们不难看出，中国园林形成的思想基础，除了艺术方面，最主要的还是对人的力量的炫耀：你看，通过人为的设计、营造，我们完全可以创造出一方"高于自然"的自然——园林，伟大吧！这样的观念，其前提其实本身就是有问题的，中国传统设计观念中关于人与自然关系的"天人合一"思想，实际上还是在人战胜自然、也就是"人定胜天"的思想前提下得以实施的。相信在当时的情况下，园主或者造园师是很难会在选地造园之前，首先考虑将要建造的园林在城市整体中的位置是否合适？自己的园林建造之后是否会给周围的环境造成不良的影响？或者通俗一点说，园主或者造园者只会从自己个人的角度而不是整个城市发展的角度、更不会是从整个人类可持续发展的高度来考虑自己园林的建造，他们最多只能在自己的围墙范围内极力模仿（或创造性地模仿）、微缩自然（图1），这样的思维方式在当时的历史条件下可能是完全没有问题的，是可以理解的，但如果将这种思想从根本上与现在"可持续发展"思想进行比较，那么，我们恐怕就再也不会对这样的"天人合一"那么津津乐道了，因为现代"可持续发展"思想的基础就是将人与自然置于完全平等的地位，离开了这一点，就根本不可能真正地实现人类的可持续发展。

中国传统园林中所体现的"天人合一"思想，其实主要还是停留在艺术手段和视觉效果上的，人们非常重视围墙之内的精心经营，希望自己的园林能够尽量接近自然的风貌或者是对自然的进一步提炼，从而"既有城市中优厚的物质生活，又有幽静雅致的山林景色，虽居城市而又可享受山水林泉的乐趣"，应该说，这样的做法，虽然在客观上也达到了某种意义上的"与自然结合"，但从主观上来说，其思想观念却并不是真正"天人合一"的。因此，中国传统园林中的"天人合一"，更多的是艺术上的模仿，而非生态意义上的自觉。

图1

图2

图3

图4

图5

图1 微缩自然的中国传统园林

图2 自然面前，"人人"平等

图3 和平共处，其乐融融

图4 芬兰常见的自然景观

图5 芬兰典型的人工景观

这种表面上看来很"天人合一"而实际上很不（或不太）"天人合一"的现象，在我国还有很多，比如说中国古代的盆景艺术就是一个典型的例子。中国的盆景艺术世界闻名，而盆景艺术却是一种欣赏畸形的艺术，盆景中几乎所有的植物都是通过人为加工"摧残"后才能成型，成为"艺术品"，这颇有点像中国传统习俗中妇女裹小脚的味道。

对于这种畸形艺术的批判，清代文学家、思想家、资产阶级改良主义的先驱、散文家龚自珍在他著名的《病梅馆记》中早已有所表达："有以文人画士孤癖之隐明告鬻梅者，斫其正，养其旁条，删其密，夭其稚枝，锄其直，遏其生气，以求重价；而江浙之梅皆病"，这段文字虽然说的是梅花，但却同样很好地概括了中国古代艺术对于自然界中自然植物的态度——按照人的意志进行改造。

我们经常会理直气壮地批判西方的几何式园林，认为几何式园林中将树木花草按照人类的意志修剪成各种几何形态是对自然的

一种霸权行为，是人类征服自然的霸权欲望的一种表现，是与现代可持续发展思想背道而驰的，并因此而自我赞赏我国的盆景艺术，认为盆景艺术极力表现自然，是对自然的尊重，而且是"源于自然而高于自然"。其实，如果拿现代的"可持续发展"思想来衡量一下，这样的尊重自然是有问题的。

再举一个例子。国人喜欢养鸟，经常会在报刊杂志上反映国人的自然观或日常生活的图片中看到人们养鸟、逗鸟的情景，说明国人喜欢鸟，并进而引申为我们喜欢自然界中的动物，转而也可以推断出我们喜欢大自然。但值得注意的是，国人却喜欢将鸟养在鸟笼里来欣赏，因为这样人们就可以随心所欲，想怎么欣赏就怎么欣赏，而全然不顾笼子里的鸟儿又是怎样一种感受！在这一点上，北欧尤其是芬兰人的做法却完全不同。在芬兰，人们不会将自己喜欢的鸟儿禁锢在笼子里，他们认为这样做对于动物来讲是很残酷的，他们的最好做法，就是好好地保护生态

环境，爱护自然界中的动物，让它们可以和人一起，自由自在地生活在自然之中，这样人们就可以和它们相伴相随，真正自由自在地欣赏它们了。在那里，人与动物在城市自然环境中和平共处（图2、图3）。

对于自然景观，芬兰人也绝对不会通过某种人为的方法，将自然界中的植物摧残变形从而达到供人欣赏的目的。对于芬兰人来讲，即使是野地里自然生长的蘑菇，只要你不想采来食用，就绝不会去伤害它们，因为它们也有生命。北欧的景观设计，也很少有将待设计的地段按照"移天缩地"的方式进行彻底改造的，他们往往在原有自然地形的基础上，只对某些重点部位做一些人为的改造。芬兰人绝对不会因为设计师没有将整个地皮在图纸上都翻过一遍而觉得设计师没有尽到自己的职责，是在设计中偷工减料，是在骗客户的设计费。在他们看来，自然就是最好的景观（图4、图5）。

那么中国传统的"天人合一"思想又给

图6

图7

图6 号称"天人合一"的某现代城市广场，这样的广场遍布全国的中小城市

图7 平时成为视觉垃圾的喷泉景观

我们的现代设计造成了怎样的影响呢？我们可以以目前全国各地比拼建造的大规模城市广场为例。在一些人的眼中，因为所建广场与自然比较起来，同样有山（人工的假山）、有水（喷泉），有绿色（人工草坪和移栽树木），有自然界中的几乎所有元素（图6），于是乎，就能硬把这样的广场说成是自然的或者"与自然结合"的，是"天人合一"的、甚至生态的，当地政府部门和设计师还可能大言不惭地在媒体上大肆宣扬他们的这种所谓的"天人合一的生态思想"，但实际上这种做法最多也只能说是在视觉艺术形式上的"与自然结合"。至于这个广场到底该不该建？是否应该建在那里？广场的建成是否会破坏或影响原有的生态环境？会不会对当地的小气候等带来不良的影响？广场建设的投资与建成后广场的实际效用是否一致？这样的广场在老百姓的心目中到底处于一种怎样的地位？广场对市民生活质量的提高是否确实起到了应有的作用？这些问题在建广场之前甚至没有人考虑过，或者根本没有从可持续发展的角度加以论证。这样的作品充其量只能被称为"类生态"的，甚至很多实际上是"伪生态"或者"反生态"的（图7）！如果说在办公室内放盆花木就能吹嘘成"天人合一"，那实在是太荒唐了。

再举一个反面的例子，那就是在并不适合的城市种植大面积的非当地品种草坪，一来，这样的草坪需要特殊的维护，造成不必要的资源浪费；二来，城市大面积无遮荫的草坪，在我国多数地方炎热的夏天根本无法为人们提供遮荫纳凉的去处，试问这种能把人晒死的"天人合一"是真正意义上的"天人合一"吗？

笔者认为从我们国家现阶段的发展状况来看，如果违反了可持续发展的大原则，任何所谓的"以人为本""与自然相结合"都是虚谈，都是没有意义的。要考察一个项目是不是真正的"天人合一"，必须将它放在"可持续发展"的总体原则之下，那种"各家自扫门前雪，休管他人瓦上霜"的狭隘的个人主义思想，与体现人类博大胸怀的"可持续发展"思想永远都是格格不入的。因此中国古代设计中所谓的"天人合一"思想如果用现代的可持续发展观来考察的话至少是有缺憾的。如果教条地、不加扬弃地滥用所谓的"天人合一"思想，那么必将会给社会的可持续发展带来负面的影响。

目前中国的人居环境设计，在技术方面要想赶超欧美等发达国家应该是没有什么问题的。杨利伟都已经上了天，中国还有什么事情做不到！？一个目标是否能够实现，这关键是看人的思想观念是否正确，看实现这一目标的信念是否坚定。因为我们必须让杨利伟上天，所以经过不断的努力，杨利伟就上了天，同样如果我们真的希望我们的设计都是可持续发展的，都能真正地达到"天人合一"的效果，那么这一天就一定能够到来，关键是这里所说的"天人合一"必须是置于整个人类永续发展高度上的、与时具进的、真正的"天人合一"，而不是死守传统的"似'天人合一'"，或偷梁换柱、改头换面了的"伪'天人合一'"！

混凝土的文化身份及在室内设计中的应用 聂影

一、对混凝土材料的理解误区

在大多数人的印象中，混凝土是一种典型的工程材料，因此人们大多相信混凝土能被工程技术人员控制良好，所以其效果值得信赖。

但这里面其实存在两个理解上的误区：

误区一：现代工业生产体系并不能完全排除误差，哪怕依靠精美仪器也达不到，高端名表也有时间误差就是例证。就是说所谓的现代化工业生产给我们带来的并非是分毫不差，而只是有限的或相对可控的误差。

误区二：混凝土与一般的工程材料又有不同，它毕竟不是在工厂中即可制作完成的，虽然也有一些化学分子式可以解释发生在其中的各种物理化学反应，但至今人们并不清楚其最终"硬化"的基本原理。人们只是通过观察实验、证明其效果优异，便在现实工程中大量使用了。具体表现在以下5个方面：①根据不同受力要求，钢筋混凝土结构的水泥原料用量、骨料要求有基本原则，但就具体工程而言，仅有这些原则还远远不够；②不同地区气候环境、地质条件、施工季节、原料特性等都会影响水泥、砂石和各种添加剂的用量；③在具体的用量和配合比确定上，工程师和施工人员的工程经验非常重要；④不同工期、结构部位等仍须同时浇筑试块来确定混凝土强度；⑤确定混凝土强度的方法很多，没有一个工程能穷尽所有测试办法，而且即使使用了多种测试办法也只能在正常使用范围内确保施工质量。

这条线索很容易让人联想到"中药"药方，二者的共同之处在于：①都有一个"蓝本"，而且这个蓝本通常可依据"科学原理"来解释，而且还能被写进教科书中；②但在针对具体个案时，这个蓝本必须被酌情调整，调整方法往往依靠经验；③这个新配方还必须被不断验证，服用中药的每一个疗程就是一个观察过程，大夫通常还会根据病情变化来对药方中的多味中药用量进行添减，而混凝土施工中，不同试块的使用也是为了检验其强度指标；④最终的成效判断都不是通过公式或数据，而是用药见效或工程满足使用要求，而公式和数据只是在反过来证明结果的正确性。

以混凝土与中药作比，既是比喻也是隐喻。

二、设计观念变化和混凝土产业转型

1. 混凝土材料进入设计师视野

很长时间以来，混凝土材料都是工程师理念的最好承载者，大多数设计师（甚至许多建筑师）对其材料特性的理解并不深入。但中国社会物质愈发丰富，各种既有材料的工艺、造型、功能变化等已不再新鲜，一些国外的混凝土设计作品忽然让人们眼前一亮，于是许多设计师开始发掘混凝土材料的设计潜能。

而真正助推这一波设计创新的其实是混凝土行业的转型要求，和社会审美观念的多样化趋势：①建筑行业大量使用自然原材料的势头正在减缓，可持续发展的国家战略已深入人心，寻求一种更可靠、更有效、甚至更具可塑性的、低耗能、低污染的材料已成为现实要求；②前些年大干快上的城市建设模式催生了许多混凝土企业，但在国家发展方式转型过程中，各企业必须不断调整自身定位，提升产品的文化和设计内涵，增强产品的技术和工艺含量，这是行业和企业发展的必由之路；③30余年来社会财富和文化成果的积累，使中国社会中的一大批消费者，已超越了"必需品"购买层次，而进入"观念"消费层面。象混凝土这种看来"新鲜"的材料被引入日常生活，将给这个市场带来生机和活力；④混凝土材料本身的多重属性、多变样式，也使其能具有很强的开发潜力。目前可预见到，混凝土材料在室内设计、工业产品制造和工艺品制作领域均有很大发展潜力。

2. 混凝土在工业设计中的应用

混凝土在工业设计领域的应用因国外设计成果的流传而很快被接受。因此也很快成为国内一些混凝土企业的发展目标，而且有些企业已取得初步成功。在这个链条中，真正限制混凝土发展的不是技术和设计能力，而是国内不太健康的市场条件。设计和技术版权不能获得充分尊重其实还只是相对次要的方面，商业流通中各种不合理的加价才是行业发展的最大障碍。只有在良好的市场条件下，健康的商业环境中，促进版权保护和知识更新才能真正达成。就是说，混凝土产品将面临其他工业产品一样的难题。这恐怕不是一个行业或若干个企业就能解决的麻烦。

不过，将混凝土材料推广至工业设计领域的努力仍然非常可贵，因为通过这种途径，混凝土终于从一种建筑工程材料进入到工业材料领域。这有助于整个行业对加工精细度的要求不断提升，也能增加人们对混凝土材料的亲近感。长远来说，这对于混凝土进入当代中国主流文化和社会心理层面，有着巨大而深远的影响。

3. 混凝土在室内设计中的应用

就建筑材料而言，装饰混凝土是一种技术含量相对较高的品类。当建筑市场产生波动时，混凝土企业自然会想到由生产建筑外饰面转而生产内饰面。虽然看上去只一步之遥，但转化过程恐怕并非一蹴而就。

（1）混凝土企业大多已经习惯了与建筑师的合作方式，但大多数室内设计师与建筑师的工作方式和思维方式并不相同，而且室内设计的混凝土用量相对较小，但要求却很高、很多、很细，二者的合作恐怕尚需磨合。

（2）室内设计对材料的尺寸、结构等的精细度要求很高；为满足特殊造型和空间条件，还常需要制作特殊模具。混凝土能否达到精细尺寸要求，一直是室内设计师关心的问题。目前看来，混凝土在室内设计推广中最强劲的对手恐怕就是石材了。现在国内室内设计中常用的石材加工精度已经非常高，在近体尺度中，若混凝土的精细度完全无法与石材抗衡，则其有效推广将不可能。

（3）混凝土的艺术表现力是否足够也是室内设计师的担忧之处。一方面，混凝土表面质感的细密程度可能尚需提高；另一方面色彩变化是否可控也值得关心。

（4）为了满足室内设计师的要求，混凝土企业的生产经营方式也需要重大调整，等于增加或置换了企业的原有"生产线"，企业

内部的管理重心不得不发生偏移，对某些企业来说，这种调整可能会导致不良后果。

虽然我们能理解混凝土相较于大多数石材具有环保优势，但这种优势在现实经济利益和文化感受上，显得并不那么重要。所以，我们必须从艺术表现力上入手，特别是应挖掘混凝土与石材的差异，并将其展示出来。最终，消费者不是在石材和和混凝土之间进行选择，而是在两种工艺效果间选择，这才是我们希望看到的。因为在这种逻辑下，混凝土的文化、审美和工艺价值才能被尊重。按照这个逻辑，我们马上就能发现另一个趋势：长远来看，混凝土在造型和艺术表达方面的重要对手恐怕并不是天然石材，而是其他品类的人造石。

混凝土在室内设计领域的推广，应注意如下几点：

（1）将混凝土视觉上的粗狂和触觉上的光滑细腻结合起来。建筑外饰面的使用方式常带给人们一种错觉，好像看上去粗狂的材料，摸上去一定粗糙。如果想想泼墨山水，我们就能理解二者的异同之处了。毕竟大多数人进入室内，并不是为了寻求一种在"山洞"中生活的感受。

（2）充分利用混凝土可多次浇筑的特点来制作特殊图案的混凝土地面和墙面。比如，石材地面可以切割得非常精细，但却无法完成色彩差异微妙的地面拼接图案，而混凝土做到这一点几乎毫无难度。更何况混凝土地面的完整性和平整度等方面还可超越石材。

（3）混凝土的颜色混合工艺是石材、地砖等材料无法达成的。在现浇混凝土地面中掺入不同颜色的矿物质或化学颜料，经搅拌后浇筑成型，可形成色彩多变的地面效果。若辅以养护、打磨等工艺后，有些的地面反光会使色彩变化更加微妙。

（4）水磨石的价值应被充分发挥出来，其在不燃、耐污、耐蚀等方面的多重优势应被广泛宣传；而其在图案设计上的优势也应被不断挖掘；水磨石的使用范围不应囿于地面材料，其精细度用于墙面、家具或其他领域，也很有发展潜力。

（5）混凝土的可塑性有利于建造特殊肌理的墙面。混凝土艺术墙面的市场开发尚未起步。早年间以混凝土材料做声学墙面的做法还应被重视起来。配合墙面图案和肌理变化，混凝土材料在会议室、多功能厅中或可重新找到施展空间。

（6）综合考虑材料配合和精巧的结构设计，在特殊造型的室内家具、舞台布景、展示空间等领域，混凝土材料都将大有作为。

4. 在工艺美术领域中的应用

以混凝土做工艺品材料，这是一个非常中国化、非常传统的思维模式。混凝土材料及特性的引入，有利于激发出工艺美术领域的新活力。能成为工艺品原材料的基本前提就是其精细度和可塑性，若颜色多样且可控，那么这种材料成为工艺品原料基本就没有什么技术障碍了。

混凝土进入工艺美术领域的真正障碍在于审美习惯和社会心理。目前我们尚无法预见其前景，不过用混凝土做纪念品的制作原材料，应该是一个很好的尝试。它介于工业品和工艺品之间，又有着与众不同的材料感觉和审美体验。当然，其对生产精细度的要求更高，对设计师和生产者配合度的要求也明显高于常规的工业设计领域。

在物质愈发丰富，民众精神需求日渐增多的今天，许多中国传统工艺又重新获得了生存空间。传统工艺品和非物质遗产的热潮，在某种程度上就是整个社会在愈加富足状态下、对传统文化价值观的回应。但是，传统

工艺和工艺思维显然已经无法统辖中国社会，它们要么应被编织进现代技术和产业中去，要么进入高级定制和奢侈品业而成为某种文化象征。近代以来，全球工业化的生产和社会结构都以西方文明为基础，西方技术逻辑已深入人心。对于当代中国人而言，西方技术思维与中国传统工艺思维有相通也有相异之处。我们如何挖掘中国传统工艺思维中的世界观和哲学观，既是在为"中国心灵"寻找家园，也将是对西方工业文明的一次深刻反思和重大挑战。

直到今天，许多人对"工艺美术"的理解还过于肤浅或偏狭。当代工艺美术领域其实是吸纳超越社会平均需求的各种技术手段、精细材料、新型审美和资金投入的最佳试验场。它可以用一些富裕阶层和发烧友的经济支持和审美趣味，吸纳众多超越社会平均水平的工艺和技术，当产业格局和制造业重心转移时，其涵养的许多技术和工艺将能在高端制造业领域中释放出来。同时，以新材料、新技术支持的工艺品还是中国当代审美趣味不断建构的重要平台。其强烈的展示效果，又会使审美、技术和材料特性的有效传播事半功倍。

三、人工材料和天然材料的审美观念
1. 工业发展和工业审美

虽然当代中国在制造业和材料研发生产领域已经取得了长足进展，但我们的主流工艺审美和技术哲学仍停留在"前现代"时期或尚未完全进入"现代化"阶段。这一点在许多文科知识分子中显得尤为明显。近现代工程技术和设计发展一再重复这样的规律：技术和材料总是追随社会和市场的变化而走在前列，工程师一直勇往直前；当社会平均技术水平达到一定高度，新技术大量涌现后，

工程师往往无法为技术的未来发展规划方向，于是设计师便接过领导权，将技术成果提升至文化和美学层面，并通过设计实践将技术成果引入日常生活；文化学者紧随其后分析出技术对社会变迁和哲学观念的重大影响，指明国家文化和产业发展的未来方向……

进入工业社会的真正标志并不是工业生产规模和水平，而是工业化思维和现代化社会关系的建构完善。从这个角度来说，当代中国的工业化和现代化仍只是个"半成品"。

2. 人工材料的文化身份

工业审美涉及内容、层次多样，中国式的工业审美又势必与所谓经典的西方式样不同，其完整形态仍不清晰，但对人工材料的审美变化必然是重要一环。

人工材料是相对于天然材料而言的，混凝土自然属于典型的人工材料。人们一直未加注意，在中国传统审美体系中，天然材料和人工材料之间，不仅文化地位不同，还有人工审美向自然审美"看齐"的趋势。中国传统审美系统中对天然材料的喜爱近乎痴迷，而这种痴迷又集中体现在一种追求"自然"的价值观中。比如，强调不同木质的木色、质地和纹路特征；一块未被雕琢的璞玉也能成为审美对象；高级的工艺手法能将材料的天然本质更好地表达出来，而过于炫耀工艺技巧通常会被视为品位低下；即使是瓷器这种人工化程度很高的制品，也常以更接近于天然美玉的温润、含蓄、雅致为最高境界……就是说，在中国传统审美体验中，自然材料的文化品质高于人工材料；人工材料只有模仿甚至超越了自然材料的审美水平，才能进入主流审美体系中，如陶瓷。考虑到前现代时期生产力水平的限制，这种审美观念和文化地位判断并无不妥，而且两千年的文化传承，使得这一审美系统非常精致完整，

几乎是所有中国人的精神寄托。

在世界通行的现代设计观念中，其实也有相对主流的材料哲学——忠实展现材料的质地和性能才被认为是"最真诚"的设计。有人就此断言，中国古代的审美观念能跨越东西、贯通古今！但这只是错觉。

中国传统审美体系中，材料审美是有等级差异和社会属性的，也通常是被规范化的。比如，玉石的等级显然高于汉白玉（甚至汉白玉的命名都是在向玉石致敬），金丝楠木高于榆木……这显然与材料的稀缺程度有关，最终也使材料自身的社会等级和文化意义被重构。而陶瓷这类人造程度较高的器物，往往也以自然原料的特征为特征，如龙泉窑的紫金土，元青花的苏麻离青……而在现代设计观念中，人造材料的特性也被给予尊重，应在设计中被体现出来；许多中国传统工艺原料都因不可再生，在现代设计伦理上反而处于劣势；而人造材料因更能体现生产技术水平，在设计中反而使用更广泛，如金属、混凝土、塑料等。因此我们不难理解，许多塑料、金属材料的设计产品在西方社会都能卖到高价，如德国的金属炊具或意大利的塑料座椅，而中国社会仍常以原料的稀缺作为噱头才能吸引更多买家。

中国传统工艺审美观念与现代设计有本质区别，无论其语言表述多么相似，其在本质上仍体现了不同的创作态度、审美习惯和文化观念。不过，这种差异到底在多大程度上源自文化差异，多大程度上源于发展阶段的差异，还有待观察。对于中国文化传统而言，混凝土这种人工材料的审美模式是完全陌生的，仍需不断学习和建构。这也从另一个角度解释了为什么我们有高超的混凝土建造技术，却缺乏成熟的混凝土审美体系及世界一流的展示混凝土材料美学的工艺成果。

3. 材料审美和材料哲学

社会文化体系对材料的理解往往不是基于已有的科学技术成果，而是人们日常生活中的经验和常识，所以常见常用的材料往往更易获得理解。而且，人们对材料的熟悉程度与其进入人类社会的历史长短关系不大。比如，人们对塑料制品非常熟悉，但塑料的真正发展始于二战期间，到 20 世纪 70 年代已经成为城市重要污染物；现代混凝土历史至今有近 200 年的时间了，但大多数人对其特点仍所知寥寥；青铜器一直伴随着早期中华文明，然而很多人却至今不知其本来面貌为金色，而所谓的"青铜"只是氧化铜的颜色……

我们可以将任何一件有形的器物按照尺寸、造型、材质、色彩等不同类别进行分析比照，但在真正的情感和审美体验中，这几方面其实不可分割。科学和逻辑阐释，能帮助我们更好地认识和分析事物；但却不能帮助我们更好地进行审美体验，有时还可能起反作用。当然，这并不是说混凝土材料哲学的发展不需要科学的、理性的分析，而是说，

对混凝土进行有效研究和建构的学术体系恐怕远比我们今天想象的要复杂和宽广得多。所以，我们必须欢迎不同群体从事侧重点不同的工作，不能有所偏废；否则，当我们无法形成全面的工业审美和材料审美系统的建构时，我们就无法形成完整、健康的针对物质世界的价值观，我们眼中的世界便是残缺的，我们的心理世界必然是偏狭的。

混凝土材料宜古宜今，亦中亦西，具有很强的"兼容性"，能很好地与许多天然和人工材料"混搭"出现；这或许还应和了混凝土中的"混"字，毕竟这种材料其实是多种自然和人工材料的混合物，先天的"包容性"使其虽不如天然石材矜贵，却有宽容大度的风雅。

四、结语：回归本质or技术拓展

将混凝土材料引入室内设计领域，可能是最近 30 年间的一次突破：室内设计研究的重点由天然材料转向人工材料，材料的选择不再以天然材料的稀缺为主要导向，而是以人工材料的研发和工艺实施水平为主。一旦

将此经验推广开来，室内设计行业便成为制造业产业转型链条上的重要一环，成为制造业升级的平台和窗口，而不再是孤立无援的、甚或"涂脂抹粉"的工具。

人们或许一直未弄明白：技术发展的引领力量并非科学而是观念！这也解释了为何古代中国在没有完整科学体系支撑的情况下，仍能使技术发展领先世界 2000 年。在现代社会中，新观念和新技术最重要的结合点就是新设计：对技术而言，因为有了设计，观念不再显得那么弥散而不易掌控；对设计而言，技术是体现和引领观念的同盟；对观念而言，设计使头脑和双手协同一致、表达自身……

现代设计和现代技术一直纠缠共生，二者有时敌对、有时互助。设计是技术发展的"通灵师"；技术是设计极限的"开路人"。

混凝土是一个绝好的、能够统合工程技术、工业设计、工艺品制作和艺术创作各领域的原材料。不同群体针对文化和技术的理解都可在此基础上自由施展。这个典型的"西方"材料与现代的"东方"大国相碰撞，将会激发出更多的思想火花。我们拭目以待！

技术与设计：关注环境的设计模式　　宋晔皓

应对气候和环境，是建筑必须要解答的基本问题。19世纪技术的发展，例如，供热通风设备的普及，促进了建筑环境的发展和转变。建筑环境的重要性得到人们的重视，建筑学不再仅指空间、结构、建造，环境也成为其重要的组成元素，其对建筑品质、节约能源等方面的影响日增。如何获得应对气候和环境条件的适宜建筑环境？这个问题的解答逐渐因为技术手段的发展而多样化，再也不是被动地适应气候，还存在人工的调节。对于建筑而言，随之而来的是设计与技术既密切合作，又存在语言障碍的漫漫交流历程。

在今天大力推广绿色建筑的中国，建筑师困惑于设计和技术的结合，困惑于关注环境设计的模式。其实国外建筑师同行也曾面对同样的困惑：技术在设计中当如何表达？如何实现对环境负责的设计？

一、建筑环境技术的设计表达

关于技术的一个极端的说辞来自路易斯·康，他曾说："我不喜欢管井和各种管线，甚至非常之憎恶它们"。好在他又接着说："可我还是认为要给它们合理的位置，如果仅仅由于憎恶它们而置之不理，它们会把建筑搞得一团糟，甚至会彻底毁掉建筑"[1]。

他的前半句表达了很多建筑师的心声，也表达了设计与技术的语言障碍，但是他的后半句却催生了一种现代建筑系统化的理论和方法，即"服务空间"与"被服务空间"。按照康的说法，这些设备、管道等的"位置"

是美学问题，而不是高于一切的技术逻辑。建筑评论界将他的新观点称为"康对于建筑历史最为重要的贡献"[1]。

实际上，尽管国人对每个前现代或者现代建筑中有重要影响的建筑师了解益深，例如，麦金托什的典雅，勒·柯布西耶的才华横溢，密斯的精确和细部，雷沃伦茨、阿斯普隆德、阿尔托的材料和自然，康的理性与技术的结合。我们很少注意到：这些伟大的建筑师不仅是建筑设计的强者，还是技术的驾驭者，从不回避技术发展，甚至争相采用他们时代最为先进、最时髦的技术。只不过对于他们而言，技术表达是设计的重要组成部分，技术也是设计。因为他们经历了一个至为重要的时代，一个技术发展的时代，一个生活质量改变的时代。

宣称只有天才可以完美驾驭曲线的麦金托什这样定义建筑师：建筑师应当从科学技术的角度理解建筑。他的理论多与建筑环境相关，作品在通风、采光领域有重要的试验和研究，并且这些技术都巧妙地与设计结合起来。技术服务于艺术，这种观念曾经是建筑环境发展历史中重要的转折点。他在1909年建成的格拉斯哥艺术学院中采用了新型的通风系统，热风循环起到通风和供热的作用，竖向的通风管道与承重墙相结合，遍布整个建筑，一些房间中还设有铸铁制的散热器。而且他在学院中第一次采用了全新的电力照明方式[2]。

1929年柯布西耶发表了如下观点："建

筑适应气候。这个观念的普及逐渐与技术结合起来，我认为，真正的建筑，即为具有适应性和可调性的建筑"[2]。 1929–1931年他建造的萨伏依别墅采用最新的中央供热系统，不但效率更高，而且解放了许多空间，而壁炉和供热管线经过精心设计，暴露出来。密斯1928–1930年建造的图根哈特住宅，设计了堪称艺术品的供热系统，他弱化和隐藏了住宅中复杂的管线结构，送风井表面下沉了1.5米，室外空气进入起居室之前，要先经过一个净化和增湿的空气处理系统。南墙的两片装配玻璃可以降到窗台线之下，玻璃外侧的百叶可以遮阳，晚上玻璃被丝质窗帘遮挡，这些均起到调节微气候的作用，是典型的采用手工调节和机械系统调节的环境选择型设计案例。业主女儿如此评价密斯："他不仅仅是一位艺术家，还是一位工程师，精通于建筑技术与建筑空间的完美结合。"密斯的建筑环境技术设备，例如散热片、风机均通过空间处理遮盖，以满足对极简的追求。但不论勒·柯布西耶还是密斯，都会采用最尖端的科技优化建筑的供热、照明、通风。

雷沃伦茨、阿斯普隆德、阿尔托堪称关注自然和环境的代表，雷沃伦茨在1956–1964年建造的圣马可教区教堂、阿斯普隆德在1918–1927年完成的瑞典国家图书馆、阿尔托在1927–1935年完成的维普里图书馆，都精心设计了完整的自然采光和人工照明系统。瑞典国家图书馆的供热系统采用当时最新的热水和空气双热媒。阿尔托的麦雷亚住宅也采用了当时最为先进的供热系统，大起居室天花板下方是送风管道，为整个空间提供热风。砖墙则与壁炉结合，内含热风管道。热水管道埋于地板下方，位于金属格网之下。建筑外围护结构则很注重与环境的关系，外部气候与室内空间通过外围护结构互相渗透。

如前文所说，康将技术设备在空间中定义为"服务空间"，而将具有表现力的空间定义为"被服务空间"。他的提法解放了建筑中次要弱势的技术设备空间，并赋予其设计的含义。例如，康的理查德医学研究中心设计了独立容纳设备的塔形空间（服务空间），竖向的管网系统穿越其中，这样人们正常使用的空间（被服务空间）保持了连续和完整，而不被设备空间打断。索尔克生物学研究中心则是垂直划分的二者，设备层层高2.7米，通风管网能够连续地遍布整个建筑而不被打断，同时实验空间也独立于结构和管网设置。埃克塞特图书馆则由角部的4个阶梯形空间容纳管线和设备。金贝尔美术馆的混凝土拱顶结构与平顶相结合，主次对比形成"服务空间"与"被服务空间"，技术手段再次与诗化的空间关系完美融合。[2]

这样的例子还有很多，说明了设计和技术的关系：实际上建筑师的创造力也隐含在处理技术问题中，完全可以寻找到将复杂的技术设备纳入设计的方式。

而且正是由于他们的创造性工作，班哈姆归纳了两种建筑环境设计的模式：环境排斥型和环境选择型。这种归纳得到了霍克斯的发扬[3]。

三、两种建筑环境设计的模式：环境排斥型设计和环境选择型的设计

1963年奥格雅提出了生物气候设计方法，在气候条件、生物气候舒适度和建筑之间，

搭建了一座桥梁[4]。他认为从自然环境气候条件，调节到建筑环境稳定舒适要经过3个步骤：①改善设计地段的微气候；②建筑师依据人体生物舒适度指标，提出相应的设计策略，改善建筑实体的气候防护；③通过机械设备调节气候。

吉沃尼在奥格雅的生物气候热舒适条件的基础上增加了吹风感的调节作用，扩大了生物气候舒适区，引领了1960–1970年代关于建筑环境中舒适度的研究[5]，也影响了后来的建筑师，例如杨经文，旗帜鲜明地以生物气候舒适度为设计目标进行建筑设计[6]。

霍克斯认为班哈姆是较早在现代技术条件下思考建筑环境的人[2]。因为后者通过研究恢复了建筑环境功能在建筑理论和建筑实践中的正确地位[1]。

在现代技术条件下，班哈姆认为，创造舒适建筑环境的模式有两种："环境排斥型"(exclusive)和"环境选择型"（selective）[1]。所谓环境排斥型，是指完全依赖机械系统产生可控的建筑环境，以人工方式进行环境调节，类似于今天依赖主动式设计策略控制环境的建筑。所谓环境选择型，则是指使用周围环境的能源来创建与自然呼应的建筑环境的建筑，类似于今天依赖被动式设计策略的建筑。

对于环境排斥型设计而言，建筑外围护结构隔绝外部气候环境条件的影响，利用建筑内部的技术设备体系完成环境调控的目标，其调控手段是完全通过自动化的集中控制达成，属于人工介入环境控制。通过建筑形式、机械和电力系统的效率体现能源利用的效率，但是常年依赖电能等能源。

对于环境选择型设计而言，则会选择性允许建筑内部环境受外部气候环境条件的影响，例如自然通风、采光，并利用这种可再

生的能源减少建筑常规能源的能耗。建筑环境调节则通过自动和手动结合完成，属于自然和人工的混合。建筑的外围护结构是建筑与外部环境之间的过滤器，环境选择型设计的建筑环境可以与外部气候环境条件互动。

二者的设计结果同样也是截然不同，例如，针对建筑师要解决的建筑形态问题，如果采用环境排斥型设计，其目标便是将建筑内部与外部环境隔离开，并塑造一个完全人工的舒适环境，那么建筑的外围护结构的形式和种类、建筑的形态，基本上是可以具有唯一最优解的：一个开口最小、外围护结构高度密闭的建筑，其平面则是进深越大越好，体型系数越小越好。而环境选择型设计则不然，因为有外部环境和建筑的互动，外围护结构将可以更加透明和复杂。平面进深不大的分散性布局的建筑，同样可以因为借助于自然通风和采光等可再生能源，减少常规能源的能耗，同时建筑师可以创造性提出设计对策。

这种分类出现在20世纪能源危机之前，出现在可再生能源利用技术、主动和被动技术普及成熟之前，出现在绿色思潮之前，殊为可贵。

每每看到中国绿色建筑发展大潮中，建筑师强调"被动优先，主动优化"，奥格雅生物气候设计方法的3个环境调节的步骤，班哈姆的环境排斥型设计和环境选择型设计，都会浮现眼前：正所谓殊途同归，异曲同工。不论是理论研究的推演，还是实践积累的升华，不论外国还是中国，也不论是否50年前或者现在，建筑师应对环境的策略和态度，终归会走到一条路径上。就像探讨"什么形体的建筑是节能型建筑"一样，脑海中必然会现出环境排斥型设计提倡的建筑模样，而这一看似科学上正确的结论，却可能无助于

环境品质的提升，无益于建筑师的创造性工作。毫无疑问，关注环境的建筑师将选择后者，因为通过对建筑外围护结构、设备等系统的控制，环境选择型设计能够得到既节能，又具有良好的环境品质和建筑品质的设计。

为帮助建筑师了解和采用环境选择型设计，霍克斯提出了一个包括13项内容的核查单[3]：

（1）场地分析：气候、微气候（地形、城市化程度、植被）、太阳轨迹、风环境、污染。

（2）场地规划：建筑间距、微气候、混合应用和人的活动。

（3）建筑形式：可用被动策略之处以及不可用被动策略之处、定位、内部设计。

（4）天井和院落：热工性能缓冲、天光、自然通风。

（5）建筑功能：使用模式和使用者行为、建筑环境需求、内部产热和采光标准。

（6）建筑肌理：隔热和U值、蓄热物质、材料的蕴能量和毒性。

（7）天光照明：自然采光和日照参数、配光曲线、眩光分布、视野、私密性和热工平衡。

（8）被动式太阳能得热：可以利用的太阳能得热、分布、控制和舒适。

（9）自然通风：风压和烟囱效应、夜间通风制冷、噪声和空气污染控制。

（10）过热和舒适：窗户的尺寸、遮阳设备、自然通风策略、蓄热物质。

（11）人工光照明：光控系统—人工或自动、光源和灯具、功效和内部得热。

（12）供热：能量来源和机组、散热器、热量分配、地点。

（13）设备：是否需要空调系统，机械通风系统，混合模式和空调分区、整合。

核查单的目的是引导建筑师尽可能整体地思考环境和建筑问题。此外可以根据具体情况，或者新技术的产生而有所调整，例如，雨水利用技术，智能控制技术等。但这是一个乐于被建筑师接纳和采用的技术模板。因为它确实可以引导建筑师从设计上关注环境，进而发挥创造力，进行深入、有品质、有意义的环境设计研究。

例如第13项跟"设备"相关的核查单，首先提到的是"是否需要空调系统"。因为如果不用，毫无疑问会最大限度地节约能源，是否可以通过被动式设计策略获得建筑内部的舒适度？或者调整舒适范围的温度？如果建筑遮阳设计良好，采用了高蓄热材料，且平面进深很小，便于自然通风、采光，那么空调系统就可以减量到最小。其次提到的"机械通风系统"，其存在的目的，也是通过机械通风设备，提供新风，通过热散失和蒸发制冷，达到调节温度，摈弃空调系统的作用。第3条"混合模式和空调分区"，是指根据建筑功能和布局等，划分必须采用空调和不必采用空调的区域，分别采用不同的环境调节策略。第4条"整合"，则是强调无论可见还是不可见，系统设备整合对于好的设计非常重要。不同空调系统，占用的空间和需要的管道空间和长度等是截然不同的。

用霍克斯的一句话作为结尾，或许可以促进我们对于当今中国绿色建筑摸索于设计与技术结合的思考："恰恰是现代运动，现代运动是丰富的和复杂的，它被文化的所有方面感动，建筑师通过将新技术和科学思维应用到新美学的研究做出了特别的贡献。尽管欧洲不同建筑师作品多样，但是大量证据显示新技术和建筑设计的结合不必然要求一定是技术决定论。"[7]

参考文献：

[1] Reyner Banham. The Architecture of the Well-Tempered Environment. London: Architectural Press, 1969.

[2] Dean Hawkes. The Environmental Tradition: Studies in the Architecture of Environment. London: E & FN Spon. 1996.

[3] Dean Hawkes, Jane McDonald and Koen Steemers. The Selective Environment: An Approach to Environmentally Responsive Architecture. London: Spon Press, 2002.

[4] Victor Olgyay. Design with Climate: Bioclimatic Approach to Architectural Regionalism. Princeton University Press, Princeton New Jersey, 1963.

[5] Baruch Givoni, Man. Climate and Architecture. Applied Science, London, 1969.2nd edn 1976.

[6] 宋晔晧.结合自然 整体设计：注重生态的建筑设计研究. 北京：中国建筑工业出版社，2000.

[7] Dean Hawkes. The Environmental Imagination: Technics and Poetics of the Architectural Environment. London: Routledge, 2008.

暗感知：多暗算暗——论照度标准的不适用性 张昕

一、背景

相比 100 年前，全球人工环境的照度大幅提升了。表 1 回顾了百年来照度标准的变化，针对特定视觉任务的照度标准提高了 10 倍。人类的照明需求（lighting demand）是支撑照明工业发展的动因，但在过去的 60 年间，照明正从满足"视觉需求"向"迎合期望"转变[1]。

2015 年，LED 产品的光效（图 1）将超过同期金卤灯和紧凑型荧光灯产品的高值（后两者平均光效为 60 ~ 115 lm/W）。2015 年，以 13W/850lm 的 A19 型替代灯为例的 LED 灯具售价（图 1）将降至紧凑型荧光灯灯具的同等水平。高光效与可接受价位的同时实现，意味着民用市场已经可以应用 LED 产品全面替代传统产品了。

人类对光的需求集中在视觉、情感、生物 3 个领域，人工照明的发展又催生出了第四需求——节能。LED 的出现恰逢其时，革命性地满足了节能需求，也在前 3 个领域"创造"了新问题，但照明工业智慧地将这些新问题转化为新机遇：人工照明研究的热点迅速向光生物领域转移，与 LED 的光学特性密切相关的"智慧照明""动态照明"和"光的非视觉生物效应"是目前研究的热点。

针对用户市场、工业界、研究界的"乐观态度"，博伊斯（P.R.Boyce）于 2010 年回顾并反思了由照明工业界支撑的照明标准及研究的发展历程，提出"对于快速和大量地节约电能，最有效的方式是降低照度标准，因为人类对于照度的响应是对数关系，而对于能耗是线性关系"[2]。但这样的声音因其明显的"反照明工业"性质而没有得到多少回应。

针对用照度作为"暗"的评价依据是否合理这一问题，本文从"多暗算暗"这一视角进行文献回顾，也作为对博伊斯的回应。关于"照度标准不适用性"的讨论，希望能引起研究者和工业界对如下现象进行反思：

（1）应用层面——随着"变亮"的成本不断降低，人们对于照度数量的要求不断提高。

（2）设计层面——即使仅作为参考值，设计师仍像对待强条般执行照度标准。

（3）研究层面——忽视视觉和行为模式的研究，沉迷于分享 LED 进步带来的节能红利。

二、暗的定义

认知心理学专家迈克尔博士（Dr. Michael）指出，对于暗的定义取决于讨论表面（surface）还是讨论照明（illumination）：如果讨论表面，暗是指低"明度"（lightness，是眼睛对光源和物体表面的明暗程度的感觉，不仅取决于物体照明强度，更取决于物体表面的反射比）；如果讨论照明，暗是指低"视亮度"（brightness，主观上感受到的明亮程度，以区别于用仪器测得的"亮度"），视亮度与人眼的适应水平有关。基于文献综述，笔者对于"暗"做如下定义：

暗是一种主观上的对于明度不足和视亮度不足的感知，是对于空间的一种独特的感知维度，不仅是指光的不足，更是指视觉质量的不足。

暗感知受如下 6 个因素（1 个主体因素与 5 个外部因素[3]）影响：

（1）视觉能力，包括群体的视觉共性和个体的视觉经验。

（2）光，例如不足的照度（illuminance）。

（3）材料，例如低反射比或低透射比材料。

（4）对比，例如对比的范围越大，对暗的体验越深。

（5）时间，例如主体的暗适应时间。

（6）区域，例如明确边界的局部暗（如阴影）或覆盖全部表面的整体暗。

三、"暗感知"的理论框架

基于文献综述和暗的重新定义，笔者绘制了"暗感知"的理论框架图（图 2）。

光谱光视效率曲线的建立是照明学科的核心基础之一，该曲线是照明量化的基础，也是照度数量标准被作为照明设计主要判据的起因。物理学家测量了眼睛对等能光谱不同波长的光的视觉感受性，方法是将光谱上不同波长的光与一个标准亮度的白光做比较，并分别调节各波长光的强度，使其与标准光在明度上相匹配，测量出各波长光所需的能量，进而得到等能光谱的相对视亮度曲线，也称为等能光谱的相对感受性曲线。国际照明委员会综合许多科学家测量欧美被试的结果而制定了这条标准曲线，光度计接受器的光谱灵敏度也要符合这条曲线，才能与代表被试群体共性的人眼视觉特性一致。

表1 典型视觉任务照度标准的百年变化

标准	《照明标准》	《照明标准》第十版	《建筑照明设计标准》
国家	英国（CIBSE /1911）	美国（IESNA /2011）	中国（GB50034-2013）
学校教室	30 lx	400 lx（书写）	300 lx
商业办公楼	40 lx	300 ～ 500 lx（书写）	300 ～ 500 lx
图书馆阅览桌	50 lx	300 ～ 500 lx（阅读）	300 ～ 500 lx

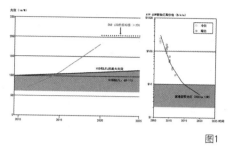

图1

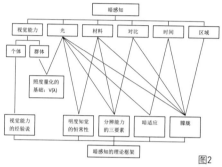

图2

图1 LED的光效和市场售价的发展趋势

（图片来源：http://www.energy.gov/）

图2 暗感知的理论框架（绘制：张昕）

由图2可知，照明量化建立在"光的群体视觉感受性"量化的基础之上。这个基础无法涵盖并解释个体视觉经验、材料、对比、时间、区域对于暗感知的影响。为研究"多暗算暗"，并从暗感知角度分析照度标准的不适用性，则需要从曲线所不能解释的部分入手。

1. 视觉能力的经验说

赫布（Hebb，1949[4]，1958[5]，1959[6]）提出了与格式塔理论（图形知觉的组织性是无需学习而自生的心理现象）相反的理论——"细胞联合"说，并认为知觉是后天习得的。现代神经生理学发现，经常在一起活动的细胞容易发生相互联系，传导神经冲动。当一组"细胞联合"建立以后，刺激一个神经元会引起整个"细胞联合"的震荡。希利（Healy，1976）[7]认为，经常阅读的字会被当作一个单元加以识别，而细节不再被注意。米勒（Miller，1956）[8]认为，人类的图像识别系统能把孤立的单元组成高一级的整体单位，每个整体单位是同时被感知的。视觉反应是受情景控制的，特定的情景一旦出现，曾在这个情景中学会的一整套视觉反应便会出现。在阅读文字材料时，读者的阅读技能、知识背景等都在起作用。"视觉能力的经验说"清晰地揭示了传统可见性（visibility）研究存在的问题：

（1）照明实验不同于真实的视觉任务，例如被试对于兰道环辨识的视觉反馈完全不同于真实语境下的文献阅读。

（2）照明实验难以消除由被试的视觉经验差异造成的实验误差。

（3）随着暗感知经验的逐年缺失，暗环境下照明实验的有效性逐渐降低。

2. 明度知觉的恒常性

根据漫反射材料亮度与照度的换算公式，照度加倍和反射比加倍均可造成物体的亮度加倍，但对于明度知觉，照度变化的影响较小，反射比变化的影响较大，原因是明度知觉具有恒常性。因为由明度知觉主导的光流分布变化提供了空间定向的基本信息，所以反射比对于空间定向的贡献远大于照度，准确量化人眼视觉感受的参数是视亮度，但视亮度与亮度的转换并无简便公认的方法。杨公侠教授（2002）推荐的方法如下[9]：

（1）马斯登（Marsden）的方法，与表面亮度和室内不发光表面中的最高亮度相关。

（2）豪布纳（Haubner）和博德默尔（Bodmann）的方法，与试验场亮度、背景亮度和试验场张角相关。

（3）瓦尔德拉姆（Waldram）的方法，与作业亮度和适应亮度相关。

尽管照明设计在理论上应遵循"视觉构思""视亮度分布""亮度分布""反射比分布与照度分布"的逻辑顺序，但因视亮度分布与亮度分布之间的转换难以实现，照明设计界已经放弃了"视亮度分布"这一环节。即便如此，基于"亮度分布"的照明设计仍被看作是一种高级的照明设计方法（相比基于"照度分布"的照明设计方法而言）。

3. 分辨能力的三要素

照度、视角、对比度是人眼分辨能力的三要素。一系列研究表明，视角、对比度比目标物的照度更重要。喻柏林等（1979）得出在不同照度下视觉所能辨认的（兰道环）视角的大小，随着照度的增高，视觉效果的改善趋于减少（即"照明收敛递减率"）[10]30。视觉系统的敏感度随对比度的变化较之随照度的变化大得多。布莱克威尔（Blackwell）回顾20世纪30年代时，"人们认为最好的照明是间接照明，当从低水平的间接照明转变为照度提高3倍的荧光灯照明时，视觉没有改善，可见度甚至比以前更差"。

目前，各种照明标准仍宣称照度数量主要是由视觉任务所确定的。为证明其不适用性，克里斯托弗·卡特尔（Christopher Cuttle）[11]2011上海进行了阅读实验：对于

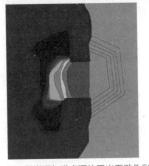

图3 圆觉洞与毗卢洞的采光系数伪彩度图
（测试与绘制：张昕等）

白纸上 12 pt 的典型阅读任务，只要 20 lx 即可达到 RVP 值 0.98；对于白纸上 6 pt 或暗色纸上 10 pt 的典型阅读任务，为达到同样的 RVP 值，所需照度将超过 100 lx（相对于 300 ～ 500 lx 的照度标准仍然很低）。"目前所执行的照度标准，似乎假设用户存在视觉缺陷，或用户总在非常低的对比度下读非常小的字"。

4. 暗适应

黑暗中的视觉感受性随适应时间延长而逐渐提高。由图 5 可知，暗适应是由两条平滑曲线组成的，第一条曲线代表锥体视觉感受性的变化，第二条曲线代表杆体视觉感受性的变化。进到黑暗处的最初几分钟主要是锥体视觉的适应过程，但 10 ～ 15 分钟之后，杆体视觉的感受性大大改善，并大大高于锥体视觉的感受性[10]。

暗适应过程中的视觉感知较为复杂，一直是研究和设计的难点。以大足宝顶山石刻的两个石窟——圆觉洞和毗卢洞为例：二者在洞窟深处的采光系数相近，站立于洞口时，二者均无法辨认窟内的暗部细节，暗处空间作为一个整体明度阶被感知为"全黑"；进入洞窟后的短时间内，望向空间最暗处的视觉感受性相当；但经过暗适应的过程后，圆觉洞中最暗处的细节辨识明显优于毗卢洞，但前者"朦胧"的感受更强（图 3）。

随着人工环境逐渐变亮，暗的视觉经验则逐渐减少，人们对于"暗适应"的耐心也逐渐降低，进屋开灯的几率不断提高。如果停留时间短于暗适应时间，则停留时间越短，人眼的视觉感受性越差，对暗感知的评估越低，现实和实验中的很多暗环境因此被低估了。邻里空间对于暗的不认同也会引起连锁反应，形成"亮度竞赛"。

5. 朦胧

在天然光不足的室内常能体验到朦胧，会给人以一种抑郁感，是一种视觉心理现象[9]49。当朦胧发生时，人们一般会认为是照度不足的原因，而选择提高照度。朦胧作为一种视觉体验，目前尚无确切定义和量化指标：朱莉安（Julian）认为，朦胧可能发生在光源不可见的均匀空间中，房间表面看起来不是很"亮"；博伊斯认为，光在空间中的分布对于朦胧很重要，当一个房间的边和角不能被清楚地看到时，朦胧便会发生；杰伊（Jay）和贝尔（Bell）认为，当亮度的变化梯度较小时，人们在扫视整个视野时，暗的角落和没有视觉兴趣的区域将出现朦胧；莱恩斯（Lynes）认为，当低照度或漫射照明时，朦胧就会发生，是由于照明常性被破坏和视野中物体的视亮度降低所引起的；黑泽尔格伦（Heselgren）认为，将朦胧定义为无影子的照明，类似于阴天的光分布，会产生抑郁的情绪。

朦胧是最为常见也最为复杂的暗感知现象，尚无研究定论。综合各家论点，杨公侠教授总结了影响朦胧的知觉因素有：室内光的分布，视野中的物体和表面的反射，视野中的对比，周边黑暗区域内细节的辨认，整体照明水平，有关照明、亮度变化梯度和中间视觉色偏移的视觉条件，杆体细胞作用的明视条件[9]。

四、照度标准的历史局限性

对于照明研究百年历程的反思，以著名学者博伊斯在 2010 年提出的 4 点局限[2]为代表，照度标准的研究局限主要体现在研究方法和研究对象的选择上。

（1）研究方法上，普遍忽视和切割文脉，研究框架的拓展性和适用性严重不足。照明领域唯一符合"概念 - 理论 - 假说 - 实验"这一研究框架的是对于可见性（visibility）的研究。不舒适性、情绪等领域被照明之外的多种因素影响，学界未能向更广泛的环境和人的因素延展。即使在可见性领域的研究，也仅限于在无文脉条件下，如何令视觉任务更快、更轻松，导致研究条件与实际情况相距深远。

（2）研究对象上，选择照度等参数作为独立变量。照度变化最易在实际场景和实验室中实现，流程控制简单，在无统计软件的时代易于分析，有限的被试样本也易于呈现出有规律可寻的统计结果。博伊斯认为，此类变量的选择多是因其对于照明厂商和照明计算非常重要，并不是因为其对"人使用照明"重要，未来研究也无法建立在此类历史成果之上。

针对"多暗算暗"这一问题，笔者回顾了两个经典领域——疏散照明与办公室照明的相关研究，并将不同时期的研究成果并置，

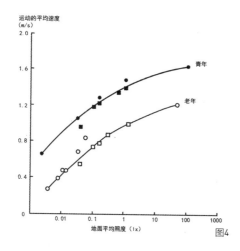

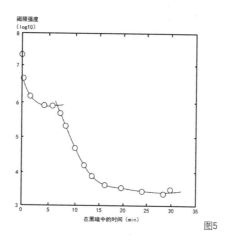

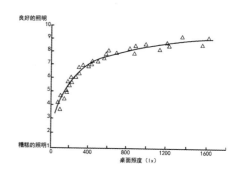

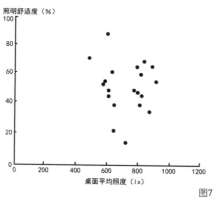

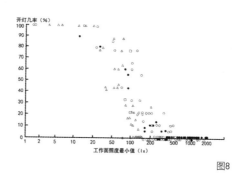

图4 青年人、老年人在杂乱的或布置有家具的空间中的平均移动速度与地面照度之间的关系（参考文献[11]）

图5 暗适应曲线（参考文献[10]）

图6 在无窗办公室中基于不同桌面照度的照明质量评价（图片来源：Saunders, J.E. The role of the level and diversity of horizontal illumination in an appraisal of a simple office task. Lighting research and Technology, 1969, 1:37-46.）

图7 大进深的开敞办公室中人们对于照明是否舒适的打分与桌面照度均值的关系（图片来源：Kraemer, Sieverts and Partners. Open-Plan offices, London: McGraw-Hill, 1977.）

图8 进入办公室时决定是否开启人工照明的几率与办公区域天然光照度之间的关系（图片来源：Hunt, D.R.G. The use of artificial lighting in relation to daylight levels and occupancy. Building Environment, 1979, 14:21-33.）

以便于更好地理解在可见性研究中照度标准的局限性。

1. 关于"疏散照度标准研究"的回顾

地面照度与疏散速度之间的关系研究是典型的"多暗算暗"问题。图4呈现了地面照度和人体运动速度之间的对应关系。对于通常的房间照明条件下，人的移动速度降低10%～20%是可以被接受的。在通常照明环境中地面照度从高值下降的过程中，人移动速度的下降速度不断加快[11]。10 lx对于青年人和老年人而言移动速度分别下降了10%和18%。欧洲标准（CEN）1999年规定的地面照度最小值为1 lx，对于青年人和老年人而言移动速度分别下降了25%和32%。亚申斯

基（Jaschinski，1982）[12]发现被试在3 lx即达到"满意"，博伊斯[13]在1985年发现被试在7 lx即达到较高的满意度。一系列研究表明，10 lx地面照度对于在清晰空气状态下实现全疏散回路中的快速移动是足够的。基于此结论，在当下的办公室、教室、图书馆的一般交通空间中，提供了视觉功能所需的15～25倍的光，这个比例在购物中心或机场航站楼的交通空间中则更高。

基于被试者的客观速度记录和主观评价结论确定疏散照度，逻辑尚不完整。真实场景中的疏散照明开启通常对应着常规照明的切断，如果考虑视觉的暗适应特点（图5），则应在确保视神经暗适应的时间足够短的前

提下确定衰减幅度，即由疏散前的空间照度决定疏散照度。对于通常的400 lx的照明，视神经的适应可以到达0.4～4 lx；对于电影院等低亮度水平的空间，更低的疏散照度也是可以接受的[14]。

2. 关于"办公室照度标准研究"的回顾

对于办公室作业面照度标准的研究是20

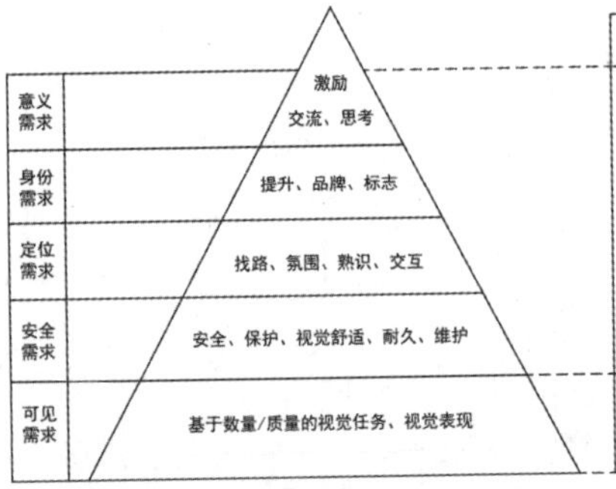

二元模型	视觉任务	典型特征	指标体系	度量要求	具体阐释
在哪里（Where）	空间知觉	由光的刺激和视觉亮度关系支撑的"无意识的视觉"	光感受 Luminous Perception	无度量要求	是一种总体的识别技能，将观察者置于时间、空间和情境中，超越对于特定视觉场景的度量
是什么（What）	图像识别	由视觉任务和视觉信息支撑的"有意识的视觉"	视觉表现 Visual Performance	有度量要求	基于视觉处理和运动处理的神经关联，系统有目的的搜寻视觉目标、执行视觉任务

马斯洛夫层级模型左侧金字塔（自下而上）：
可见需求 — 基于数量/质量的视觉任务，视觉表现
安全需求 — 安全、保护、视觉舒适、耐久、维护
定位需求 — 找路、氛围、熟识、交互
身份需求 — 提升、品牌、标志
意义需求 — 激励；交流、思考

图9

图10

图9 照明需求的马斯洛夫层级模型（参考文献[15]）与视觉感知的二元模型（参考文献[16]）

图10 用于分析经幡对于经堂亮度分布影响的当卡寺大经堂的HDR图像（绘制：赵秀芳、张昕）

世纪的研究热点之一。图6呈现了在无窗办公室中照明质量主观评价与桌面照度水平之间的关系，低于200 lx的桌面照明被评价为"不好的照明"，随着桌面照度的提高，照明质量评价的打分随之提高，但提高的速度逐渐降低，符合"照明收敛递减率"。这是典型的以作业面照度作为主要变量的研究，"照度作为首要的设计参数是因为它易于预测、测量，同照明安装费用有清晰的关联"[2]，在被试被要求对于唯一变量——照度的变化作出评价的大量研究中，都能得到类似的曲线。随后人们发现，仅靠高照度并不足以支撑好的办公照明，图7为20个大进深、开敞办公室中人们对于照明是否舒适的打分与桌面

照度均值的关系，看不出照明舒适度与照度值有任何明显的关系。该研究的照度值均在400 lx以上，且主要集中在600～1000 lx之间，因此对于确定办公照明是否舒适，桌面照明并不是可靠且唯一的评判基础。图8为人们进入办公室时决定是否开启人工照明的几率与办公区域天然光照度之间的关系，研究者建立了开灯几率与办公区域最小照度之间的关系函数。据此公式，最小照度为7 lx时的开灯几率是100%，最小照度为67 lx时的开灯几率是50%，最小照度为658 lx时的开灯几率是零。

以上跨度10年的3个研究呈现了办公室照明中照度标准的不适用性问题，特别是对于利用天然光的办公室空间，50%的研究对象可以接受67 lx的桌面照明，人们在有窗办公室中对于照明是否充足的判断，从照度数量上看远低于无窗办公室。

3. "照度标准不适用性"的理论依据

多数照明项目首先考虑的是提供基本的可接受的照明水平，保证可见性和安全感。为系统分析照度数量标准的不适用性问题，需综合分析照明与视觉感知的理论模型。以照明马斯洛夫模型[15]（图9左）与视觉感知二元模型[16]（Goodale & Westwood，2004，图9右）为代表的理论模型适用于本论点，通过对比研究可知，两个理论模型也

达成了某种程度上的互相印证。

关于人类视觉系统如何捕获和处理视觉信息，由心理学家古德尔（Goodale）和米尔纳（Milner）于1992年提出，古德尔和韦斯特伍德最终于2004年确定，即灵长类动物大脑皮层的视觉思维路径可分离为"是什么"（what）和"在哪里"（where）。基于视觉感知二元模型，"多暗算暗"和"照度标准不适用性"问题则随之拆分为两个子问题。对于空间知觉，照度标准作为单一指标是无效力的，"暗感知"是无度量要求的；对于图像识别，照度标准作为单一指标是具有部分效力的，但现有照度标准明显高于可见性的要求，具有一定的调整空间。

五、展望：面向暗感知的照明设计

以宗教、绘画、哲学、文学以及炼金术等领域为代表的西方理论体系总体上是歌颂光明、恐惧黑暗的。对于暗的赞美常见诸于东方理论体系，论及对照明设计界的影响，则以《荫翳礼赞》最为著名。对于最为常见的暗感知现象——"朦胧"，西方研究将其定义为负面的、消极的视觉现象，而谷崎润一郎则用了大量的篇幅加以肯定，与暗相关的朦胧、细腻成为了东方坚守文化阵地的重要元素之一[17]。

本文的视角是实证研究，搁置东西方对于暗的不同看法。照度标准的不适用性可归纳为：以照度为代表的照明量化建立在"光的群体视觉感受性"量化的基础之上，无法涵盖并解释个体视觉经验、材料、对比、时间、区域对于暗感知的影响，将照度作为研究、标准、检测、设计、评价的关键参数并不合理，"多暗算暗"的答案也并不是照度值的单一指标描述，应从暗感知的视角进行系统性解析。随着业界对于"暗感知"和"照度标准不适

用性"的理解加深，新的测试分析工具和设计方法正不断涌现。

1. 测试和分析工具

评估暗感知的关键环节之一是获得对比度。便携式图像亮度计与高动态范围图像（high dynamic range image）都是非常快捷的测试分析工具。目前，设计师分析亮度分布最常用的是 HDR 数字图像（图 10）。经由软件计算出每个象素点的亮度值，并通过伪彩度图以及相对亮度对比度曲线呈现出来，可应用于天然光和人工光模型的计算。但是，此类测试分析工具尚存在如下问题：

（1）亮度计进光的数量并不等同于瞳孔。根据斯泰尔斯·克劳福德（Stiles-Crawford）效应，外界物体为达到同样的主观明度，从瞳孔边缘入射的光的亮度要比从瞳孔中央入射的高几倍（在离瞳孔中心 4mm 的任何一侧入射的光线，其相对光效只有从瞳孔中央入射光线的 1/5）。

（2）视网膜的图像亮暗处理机制不同于 HDR。感知心理学家解释了视觉系统如何从视网膜图像中提取相对的亮度值转化为具体感知到的明度值（Alan，2006）[18]。

（3）不能执行亮度与视亮度的转换。

2. 设计方法展望

尽管设计师对于整体式照明设计的呼声很高，但研究界提供的理论模型却非常有限，其中比较有代表性的如照明的感觉充足度（Perceived Adequacy of Illumination）。PAI 是空间用户评判照明是否充足的标准，测量从房间表面反射回人眼中的光线。克里斯托弗·卡特尔提出以平均房间表面出射率（MRSE）作为 PAI 的指标，对于空间照明的亮度进行评估。MRSE 定义为房间容积内所有表面发出的光通量的平均密度（lm/m2），是在眼睛位置测量的一次或多次反射光（排除直接入射光），独立于任何亮的光源或窗。[1]

面向暗感知的整体式照明设计的流程基于人类视觉系统的二元属性，将对比和暗作为必要的设计元素，鼓励视觉环境的多样性，有助于照明设计从"无情的"可持续设计中解脱出来，其要点包括：

（1）用目标视亮度水平和更高的对比度取代均匀的照度水平，实现合理的节能。

（2）规划暗的空间，接受天然光下空间中的暗区，减少对于天然光与人工光之间平衡的强调，通过空间规划预留暗适应时间，实现暗感知与视觉多样性的保护。

参考文献：

[1] Cuttle C. Perceived adequacy of illumination: a new basis for lighting practice. PLDC 3rd global lighting design convention, Madrid, 2011:81-83.

[2] Peter R. Boyce. The energy solution: look on the less bright side. Newsletter for the Society of light and lighting. Vol 3, 2010, (Issue 3).

[3] Edward Bartholomew. Applied darkness - a model for luminance-based design that creates a balanced, richer and sustainable visual environment. PLDC 3rd global lighting design convention, Madrid, 2011:10-13.

[4] Hebb, D. O. The organization of behavior: A Neuropsychological Theory. New York: John Wiley, 1949.

[5] Hebb, D. O. Textbook of Psychology. Philadelphia: W. B. Saunders, 1958.

[6] Hebb, D. O. A neuropsychological theory. In S. Koch (Ed) Psychology: A Study of A Science. Study 1: Conceptual and Systematic, Vol. 1: Sensory, Perceptual and Physiological Formulations. New York: John Wiley, 1959.

[7] Healy, A. F. Detection errors on the word The: Evidence for reading units larger than letters. Journal of Experimental Social Psychology. 1976, 2: 235-242.

[8] Miller, G. A. The magical number seven, plus or minus two: some limits on our capacity for processing information. Psychology Review. 1956, 63: 81-97.

[9] 杨公侠. 视觉与视觉环境. 上海：同济大学出版社，2002.

[10] 荆其诚，焦书兰，纪桂萍. 人类的视觉. 北京：科学出版社，1987.

[11] Rea, M.S., Quellette, M.J. Relative visual performance: a basis for application. Lighting research and Technology, 1991, 23(3):135-144.

[12] Jaschinski, W. Conditions of emergency lighting. Ergonomics, 1982, 25:363-372.

[13] Peter R. Boyce. Movement under emergency lighting: The effect of illuminance. Lighting research and Technology, 1985, 17:51-71.

[14] Peter R. Boyce. Human factor in lighting, London and New York : Taylor&Francis, 2003.

[15] Emrah Baki Ulas. Lighting designer vs. the evil forces of consumerism. PLDC 3rd global lighting design convention, Madrid, 2011:166-168.

[16] Goodale, M.A., Westwood, D.A. An evolving view of duplex vision: separate but interacting cortical pathways for perception and action. Current Opinion in Neurobiology, 2004, 14:203-211.

[17] 谷崎润一郎. 荫翳礼赞. 陈德文，译.上海：上海译文出版社，2010.

[18] Gilchrist, A. Seeing Black and White, New York : NY. Oxford Press, 2006.